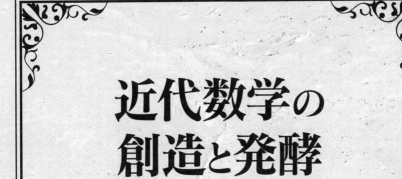

近代数学の
創造と発酵

中世・ルネサンス・17世紀

三浦 伸夫 著

現代数学社

はじめに

　『文明のなかの数学』に引き続き『近代数学の創造と発酵』を
お届けする．各章は連載記事を年次順にまとめたもので，それ
らの相互の関係がかならずしも明確ではないため，まず全体の
流れを示しておこう．

　前著『文明のなかの数学』は古代オリエント，ギリシャ，ア
ラビアを扱ったが，今回はその時代に続く数学についてである．
第1部では16世紀頃までの西洋数学を取り上げる．アラビア数
学ではユダヤ人が大いに活躍したが，そのことに関してはあま
り知られていない．まずユダヤ人の数学をアラビア数学との関
係で見ておこう（第1章）．アラビア語による数学がアラビア数
学なので，ユダヤ人たちのヘブライ語による数学をヘブライ数
学としておく．この数学はその後18世紀頃まで連綿と続くこと
になる．アラビア数学の一部は12世紀に西洋世界に紹介され，
西洋は新しい数学を展開させる芽を徐々に育てていくことにな
る．西洋中世数学は，大学や修道院などアカデミックな世界の
「大学内数学」と，商業数学を中心とした民間数学である「大学
外数学」とに分けることができるであろう．後者はすでに拙著
『フィボナッチ——アラビア数学から西洋中世数学へ』(現代数学
社，2016) で扱ったので，ここでは大学内数学のほうを取り上
げる．中世の数学教育で重要なのはエウクレイデス『原論』であ
り，それはすでにアラビア語を介して（またはギリシャ語から直
接）ラテン語に翻訳されていたが，読解される際に註釈がなさ
れるのが常である．西洋で最初に詳細にそれを行ったアルベル
トゥス・マグヌスの註釈を通じて，中世人がどのように『原論』

を捉えたのかを見ておく（第2章）．

　次にルネサンスに移る．レオナルド・ダ・ヴィンチと並び称される建築家フランチェスコ・ジョルジョ・マルティーニを中心に，建築家にとり数学はどのように必要であったかを見ておく（第3章）．やがて印刷術が勃興するが，最初に印刷されたと考えられる数学書はいわゆる算法書の部類に属し，その内容を紹介する（第4章）．そこには中世伝来の実用数学がまとめられているが，それよりも遥かに詳しい数学書が20年もたたずして出版された．パチョーリの『数学大全』である．また『量の力』では数学問題が数多く集成され，なかでも興味深いのは「ヨセフスの問題」であり，パチョーリによるその記述内容を紹介しておく．この数学問題はその後西洋数学書のいたるところで取りあげられ，それのみならずさらに西洋を超えオリエントともつながる興味深い問題である（第5章）．ところでルネサンス数学で人口に膾炙された話に3次方程式の代数的解法発見の優先権を巡る論争がある．その当事者のカルダーノの言い分はよく知られているが，もう一人のタルターリャについての情報は少ない．彼の優先権問題に関する言い分を取り上げ，合わせて彼の著作を紹介する（第6章）．次はその典型的ルネサンス人カルダーノを巡る様々な問題，とくに反射比に注目する（第7章）．

　ここからはイタリアを離れる．今日数学者は大半が数学教授であるが，最初の数学教授の一人，フランス人オロンス・フィネの立場を紹介する．彼はデザインなどにも優れ，地図作製にも貢献し，その後のフランス数学の基礎をつくった人物である（第8章）．次にドイツに移り，コペルニクスの影武者として知られた数学者レティクスを取り上げる．彼は太陽中心説を唱え近代を向いていたことで知られるが（近年，彼は地球中心説の

普及に影響を与えていたことも明らかになりつつあるが），他方で古代にも顔を向けていたようでそのことにも触れる（第9章）．次にイングランドに移り，シェイクスピアにおける数概念を取り上げる．この題材は狭義の数学史の題材ではないが，当時の庶民のニューメラシ（数学能力）が見えてくるであろう（第10章）．シェイクスピアと同じ頃生まれ「現代数学の父」とも称されたハリオットは，「イングランドのデカルト」と呼ばれた．今日で言えば，彼はまた物理学者，民俗学者，言語学者でもあり，アメリカ大陸に渡った最初の本格的数学研究者でもあった（第11章）．

　第2章の17世紀に移る．その代表的数学者の一人はフェルマであるが，彼の時代の数学問題は古代ギリシャから受け継がれたものも少なくない．そのなかで，数学史記述では見過ごされることが多い多角形数論を見ておく（第12章）．ペル方程式は今日その名が数学上で知られているが，その名の由来になったペルは興味深い数学者であり，その代数学を見ておこう（第13章）．次に『数学の王道』という数学書を著したメンゴリに移る．今日あまり知られていないが，当時はライプニッツもその著作を熱心に紐解いた数学者である（第14章）．そして次にデカルト．彼を巡るライデン大学の数学者たちは興味深い．デカルトの肖像は今日よく知られているが，実際にはデカルトはそのような風采をしていなかったようで，その肖像の真偽問題も興味深いであろう（第15章）．次に当時数学教育に力を入れ，数学書を次々と刊行していったイエズス会の数学者たちを紹介する．ここでは彼らの数学書に描かれた口絵の隠れた意味を探っていく（第16章）．そしてイングランドにもどる．数学教育をほとんど受けていないにも関わらずオックスフォード大学

数学教授に就任し，その後のイングランドの数学展開に多大な影響を与えたのがウォリスである．ここでは彼のアラビア代数学の知見を一瞥しておく（第 17 章）．最後は数学史研究をするに当たっての問題点を思いつくまま書き留めた（第 18 章）．

　以上で本書は，中世西洋から微積分学誕生直前までの数学者を扱う．中世から 17 世紀にかけての時代，数学はアラビア数学，ギリシャ数学からエネルギーを獲得しながら，西洋独自の新たな数学を生成しつつあり，まさに「近代数学の創造と発酵」の時代である．しかしその数学は必ずしも今日の数学と直接つながるものだけではない．今日の評価を一度離れ，その時代の数学を当時の社会的文化的文脈の中で論じていく意図で本書は書かれた．あまり馴染みのない数学者が登場し，戸惑うかもしれないが，彼らは皆魅力あふれる人物である．

　本書は，2018 年から 2020 年まで『現代数学』に連載された「歴史から見る数学　数学史から見る数学」を年代順に並べ変えたものである．誤記や誤認などを改め，また紙幅の関係で当時は載せていない文献を追加した．第 5 章のヨセフスの問題に関しては，その後の情報について節を改めて付け加えておいた．

2022 年 12 月

三浦伸夫

目　次

第 I 部　中世・ルネサンス

第 1 章　中世ヘブライ代数学

第 2 章　西洋中世は『原論』をどう見たか？

第 3 章　ルネサンスの実用数学

第 II 部　17世紀

第 11 章　イングランドのデカルト …………… 161
——忘れられた 17 世紀の数学者ハリオット

第 12 章　多角形数の意外な影響 …………… 177
——ニコマコスからフェルマまで

第 13 章　ペルの知られざる業績 …………… 193

第Ⅰ部

中世・ルネサンス

第1章

中世ヘブライ代数学

　数学はそれ自体を目的として研究する価値があるのでしょう
か．中世ではこれが数学史上重要な問題の一つでした．中世
ユダヤの学者のなかで最も尊敬されていた一人マイモニデス[*1]
（1135~1204）は，数学それ自体を研究することを諌めていま
す．数学はあくまで神学の補助のためのものであるというので
す．これはその1世紀前のイスラーム世界でもっとも尊敬され
ていた神学者の一人，ガザーリー（1058~1111）の考え方とよ
く似ています．ともに上位に占めるのは常に信仰であり，数学
を含め学問はその補助としてのみ存在すべきであることを強調
しています．しかし，だからといって両者の時代以降，ユダヤ
世界やイスラーム世界で数学研究が衰えたわけではありません．
今回はあまり知られていない中世ユダヤ社会の数学，とくに代

[*1] 中世ユダヤの学者は，今日アラビア語やラテン語で名前を呼ばれることも
ある．マイモニデスはモーシェ・ベン・マイモーンのラテン語名である．以下
では，今日よく知られているほうの名前を用いる．

数学の状況について概観しておきましょう*².

時代区分

　ユダヤ数学と言うとユダヤ人の数学ということになりそうですが，ユダヤ人の定義は様々ですし，またユダヤ人は様々な言語で数学著作をしています．したがってここでは，ユダヤ数学という言葉は用いずに，「前近代にヘブライ語で書かれた数学」をヘブライ数学と呼び，それを対象とします．内容を絞るため，天文学，占星術，暦学などは省くことにします．なおヘブライ数学を記述したのはユダヤ社会の人々ですが逆は成立しません．中世イスラーム世界では彼らは主としてアラビア語でも著作したからです．

　中世ヘブライ語で数学は למודיה（ラマルディア）と呼ばれることがあり*³，これは「学ぶ」を意味する למד（l-m-d）に由来します．古代ギリシャで数学を意味したマテーマタ（学ぶべきことども）が思い起こされますが，両者の言語的関係は明らかではありません．

　ではヘブライ数学の分類を見ておきましょう．ヘブライ語で書かれた最も古い百科，アブラハム・バル・ヒッヤ（1065 頃～1136）の『知性の基礎と信仰の塔』では，数学は予備学問（算術，幾何学，音楽，天文学）に含まれていました．これは西洋古代中世における学問分類の自由七科のうちの四科とまったくと同じです．このうち算術と幾何学はさらに二分されます*⁴.

---

*² 中世ユダヤ社会の科学に関しては次の拙文を参照．「中世ユダヤ科学とは何か？ アラビア科学，ラテン科学と比較して」，同志社大学一神教学際研究センター（編）『ユダヤ人の言語，隣接文化との歴史的習合』，2008, 52-76 頁.

*³ 今日のヘブライ語では הקיטמיתמ（マテマチカ）と呼ぶようである.

*⁴ Mercedes Rubio, "The First Hebrew Encyclopedia of Science: Abraham bar Hiyya's *Yesodei ha-Tevunah u-Migdal ha-Emunah*", Steven Harvey (ed.), *The Medieval Hebrew Encyclopedias of Science and Philosophy*, Media, 2000, pp. 140-53.

算術

　理論（ゲラサのニコマコス『算術入門』[*5]などの内容）

　実践（フワーリズミーやカラジーなどのアラビア代数学）

幾何学

　基本概念の定義（形，線などの議論）

　光学（エウクレイデス『視学』などの内容）

　光は神学的に重要であったので，それを幾何学的に扱う光学にも言及されています．以上の分類が普遍的というわけではありませんが，おおかたこの二分法がその後も採用されたようです．

　次に，16世紀前半までのヘブライ数学を4つの時代に分類しておきます[*6]．

1．ラビの時代

　旧約の時代からイスラーム成立以前の時代までのヘブライ語文献には，とりたてて数学に分類される学問領域はなく，現代的視点からすれば計算法などが見いだされるにすぎません．しかも宗教テクストの中の計算で，ラビ（ユダヤ教指導者）が書いたものが大半です．ヘブライ語最古（年代未詳）の数学文献とされる『ミシュナー・ミッドト』は，神殿の計測（ミッドト）という実用数学を扱っています．ただしこの作品はその後忘れ去られ，19世紀になって発見されたので，中世以降のヘブライ数学

[*5] 本書第12章も参照.

[*6] ヘブライ数学の時代区分に関しては，多くのユダヤ事典の数学の項目に記述がある．ここでは次を参考にした．*Encyclopaedia judaica*, 2nd ed., vol.13, 2007, pp.671-79.

への影響はないようです*7.

2. イスラーム時代

　原則的に中世のイスラーム支配下では，ユダヤ教徒は「啓典の民」（ムスリムと経典*8 を共にする人々）であったので，ある程度制限はあったものの，ムスリムと共存していました．当時の共通言語はアラビア語で，ユダヤ教徒も大半はアラビア語で著作していました．なかにはヘブライ文字を用い文法はアラビア語というスタイルで書く者もいました．したがってこの時代はアラビア数学に属すると考えたほうがよく，また先のラビの時代の数学とは連続性はありません．

3. 翻訳時代

　本格的ヘブライ数学が生起したのは，アブラハム・バル・ヒッヤとアブラハム・イブン・エズラ（1090 頃～1167 頃）の二大巨頭が活躍した 12 世紀はじめ頃からです．この二人は少なからずのヘブライ語数学用語を作成するのに貢献しました．まだ印刷術は出現していないので手稿や写本の形態ですが，後者による『数の書』は，その後ヘブライ数学における算術研究の伝統を作り，同名の書がその後何点か様々な数学者によって書かれています．二人はイベリア半島で活躍し，この時代そしてこの地域が中世ヘブライ数学の黄金時代と言えるでしょう．

　しかし続く 12 世紀はユダヤ教徒にとって苦難の時代でし

---

*7 『ミシュナー・ミッドト』とフワーリズミー『代数学』（9 世紀）の幾何学の章には類似性が指摘できる．どちらが先行するかに関して長い間議論されているが，最近では，『ミシュナー・ミッドト』のほうが後で，それは 9 世紀から 12 世紀頃の作品ではないかとされている．

*8 イスラームの経典には『クルアーン』のみならずヘブライ語聖書（旧約聖書）なども含まれている．

た．とりわけアンダルシア*⁹・マグレブ地域（イベリア半島南部・西北アフリカ）では，ベルベル人たちによるムラービト朝（1056~1147），ムワッヒド朝（1130~1269）の支配下でユダヤ教徒迫害が起こります．それに伴い彼らは閉鎖的なコミュニティを形成し，その中で次第にアラビア語ではなく自分たちの言語であるヘブライ語で著作するようになります．と同時に，アラビア語からヘブライ語への翻訳が始まります．こうしてギリシャ語で書かれたエウクレイデスやアルキメデスの作品がヘブライ語で近づけるようになります．

4.　ヘブライ語時代

　14 世紀以降多くのヘブライ数学者はイベリア半島からの離散者（ディアスポラ）で，南仏，コンスタンティノポリス，北イタリアに移住します．そしてアラビア数学に依存しながらも，その地で新しく独自のヘブライ数学を創出しようとする方向に進みます．この時代のよく知られている数学者たちは以下です．

　　　レヴィ・ベン・ゲルション　　　　　　　　　　（1288~1344）
　　　イマヌエル・ベン・ボンフィス　　　　　　（1340~65 活躍）
　　　イサーク・イブン・アフダブ　　　　（1350 頃~1429 頃）
　　　シモン・ベン・モゼス・ベン・モトト　　　（15 世紀中頃）
　　　エリヤ・ベン・アブラハム・ミズラヒー　（1455 頃~1525）

　ミズラヒーはオスマン帝国の首席ラビという高位にありました．彼の作品には宗教のみならず，エウクレイデス『原論』，プトレマイオス『アルマゲスト』などへの註釈も見えます．その『数の書』はコンスタンティノポリスで 1533 年に印刷されまし

---

*⁹　中世のアンダルシアを今日のそれと区別して，アラビア語の定冠詞を付けてアル・アンダルスと呼ぶ研究者もいる．

たが，これが印刷された最初のヘブライ語数学書です．その一部はラテン語訳され，ヘブライ語学者で天文学者のセバスチャン・ミュンスター（1489～1552）が1546年に出版し，さらに19世紀になっても再版されています＊10．

ミズラヒー『数の書』（バーゼル，1546）．アブラハム・バル・ヒッヤ『天球論』などと合冊して公刊．表紙は赤と黒で印刷（薄いところが赤）

　この時期活躍したヘブライ数学者はイタリアや小アジアに多く住んでおり，その土地のイタリア数学やアラビア数学にも馴染んでいました．ヘブライ数学はその両者の数学をおそらく結びつけることになったかもしれませんが，このあたりのことはまだ詳しくはわかっていません．

　ヘブライ数学はミズラヒー以降も連綿と続きますが．ここではこの16世紀はじめまでの説明としておきます．

＊10　ミュンスターには，ドイツ語で書かれ40版も版を重ねた『宇宙誌』（1544），混合数学を扱ったラテン語による『数学手引』（1551）もある．

数表記

　ヘブライ数学の数表記はアラビア数学の場合と同じで，それをヘブライ語にしたと考えればよく，次の3種があります．

1. ヘブライ語数詞
   これが最も基本的で，多くの数学書で用いられています．
2. アルファベット数字
   ヘブライ語の文字に数値を対応させたものです[*11]．この文字は，次の位取り記数法の中で，アラビア数字の代わりに用いられることもあります．
3. アラビア数字による位取り記数法
   これは表や大きな数に用いられることがあります．ヘブライ語は右から書きますが，アラビア数字は位の高い方である左から書いて読みます．

たとえば123は次のようになります．

1. ヘブライ語数詞

   מאה עשרים ושלוש　（右から mea esrim ve-shalosh）
2. アルファベット数字

   קכג　（右から，ק＝100，כ＝20，ג＝3）
3. アルファベット数字（位取り記数法）

   גבא　（左から，א＝1，ב＝2，ג＝3）

א ב ג ד ה ו ז ח ט ׳ ׳ ס

ミズラヒー『数の書』のアルファベット数字．右から 1, 2, …．
最後に 0（ziphra）が見える

[*11] なおアラビア数学では，アラビア語のアルファベット（アブジャド）に数値を対応させた数字をジュンマル数字と呼んでいる．

　アラビア数字のゼロは צֶפֶר（今日では母音記号を付けると אֶפֶס エフェス）と言います．これはアラビア語からもたらされ，アラビア語 صفر シフルの音訳で，その形は丸（実際は 0 の形に近い）です．アブラハム・イブン・エズラは「インドの賢者は場所が空のとき，いつも小さな丸を置く」（ラテン語訳）と述べており，ヘブライ語では輪（גלגל）と呼んでいました．さらに彼は，3 数法の未知の数を示す（a, b, c が既知で $a : b = c : 0$ のときの未知数 0）こともありました[*12]．するとアブラハム・イブン・エルザの時代 12 世紀頃には，まだゼロの概念は十分認知されていなかったことになります．

計算

　紙などの筆記用具は貴重であったので，古くから計算は暗算や指を使う指算に頼ることがしばしばでした．なかでも「三分の一法」はヘブライ数学によく見られる方法で，自乗の方法です[*13]．たとえば 24 を平方したい場合，まずこれを 3 で割り 8 を見出し，それを平方し 64 を出します．そして「その結果を一段持ち上げ」640 とします．ここから先の 64 を引くと，求めたい 24 の平方 576 が見いだされます．

　24 は 3 で割り切れましたが，そうでない場合，たとえば 25 の場合，3 で割り切れる一番近い数 24 を取ります．前と同様にして 576 を見出したあと，そこに 25 と 24 を加えると 625 となり，25 の平方が求まります．3 の倍数よりも 1 つ小さい 23 の

[*12]　Tony Levy and Charles Burnett, "*Sefer ha-Middot*: A Mid-Twelfth-Century Text on Arithmetic and Geometry Attributed to Abraham Ibn Ezra", *Aleph* 6 (2006), pp.57‑238, p.96.

[*13]　以下はミズラヒー『数の書』より．Victor J. Katz *et al.*(eds.), *Sourcebook in the Mathematics of Medieval Europe and North Africa*, Princeton, 2016, p.245.

場合も同様にして，最後は $576-(23+24)$ と引き算をして求めます．以上は代数を用いて説明すると明確ですが，大半のヘブライ数学者は証明せずにこの法則を利用していました．ただしミズラヒーはエウクレイデス『原論』を用いて幾何学的に証明しています．

　代数学においては多項式間の計算が必要です．それを数詞で書くと長く複雑になるので，表にすることがしばしば行われます．イサーク・イブン・アフダブの例を見ておきましょう[14].

$$(3x^3+7x^2+10x)\times(9x^3+6x^2+5x)$$

の場合，まず中の 2 段に係数だけを右から書きます．上下の段は次数です．ただしヘブライ語のアルファベット数字で書かれていますが，ここではアラビア数字にしておきます．

1	2	3
10	7	3
5	6	9
1	2	3

　次に下の表のように計算を行います．まず x^3 の係数どうしを掛けた $3\times 9=27$ を，次数を加え $(3+3)=6$（次）となりますので，6 の下に書きます．次に $3x^3$ と $6x^2$ の係数どうしを掛け，$3\times 6=18$ を 5（次）の下に書きます．同様に繰り返し，次の表を作ります．一番下の段が総和で，これが答えになります．

0	1	2	3	4	5	6
		50	35	15	18	27
			60	42	63	
				90		
		50	95	147	81	27

答：$27x^6+81x^5+147x^4+95x^3+50x^2$

---

[14]　Ilana Wartenberg, *The Epistle of the Number by Ibn al-Aḥdab*, Piscataway, 2014, pp.69-70; p.241; pp.408-9.

初期ヘブライ代数学

　ヘブライ数学において，アブラハム・イブン・エズラの学問分類で見たように，代数学は算術の実践にきちんと位置づけられていました．しかし現在のところ残されている代数学テクストは少ないので，代数学は一般にはさほど重要な分野でなかったのかもしれません．

　今日代数学は英語で algebra と言いますが，これはアラビア語の al-jabr wa al-muqābala の最初の al-jabr に由来します．al-jabr は「折れた骨をもとに戻す」意味で，代数的には負項除去を意味します．al-muqābala は「向かい合わせること」で，同類項簡約に相当します．中世のヘブライ数学はアラビア数学の翻訳に依存していますが，ヘブライ語で代数学はアラビア語の al-jabr とは異なり，語根 H.T.M.（閉じる）に由来する hittum が一般的に用いられ，これのみで代数学を意味します．他方 al-muqābala のほうはアラビア語にならい，語根 Q.B.L から hiqbil が使われています．

　以下では中世ヘブライ数学における代数学の例をいくつか見ておくことにします．

　広義の代数学を最初に扱ったのは，アブラハム・バル・ヒッヤの実用幾何学書『計測と計算の書』で，これはイタリアのチボリ出身のプラトーにより 1145 年にラテン語に翻訳されました．そこにはアラビア代数学に関連する用語は見られませんが，実質的には 2 次方程式解法が見いだせます．いまそれを一つラテン語訳で見ておきます．

　　正方形の面積があり，そこからその辺すべてが合わさって取り除かれると 21 が超過する．では［正方形には］何ウルナ

含まれるか，そしてその正方形の辺はいくつか？[15]

これは現代的には $x^2-4x=21$ で，それをアブラハム・バル・ヒッヤは $x^2=ax+b$ とみなし，

$$x=\frac{a}{2}+\sqrt{\left(\frac{a}{2}\right)^2+b}$$

と一般的に求めています．この代数的解法を示したあと，幾何学的解法（図解）が加えられています．x, x^2 に相当する「モノ」「財」などのアラビア代数学の常套句は見られず，「辺」「面積」など幾何学用語が使用されています．しかし通常のギリシャ数学とは異なり，面積と辺を加えるというアレクサンドリアのヘロン（1世紀頃活躍）に見られるような次元を無視したことも行っています．このことは，フワーリズミーとは異なる別の代数学の伝統がかつてあったのではと推測されます[16]．その起源は古代バビロニアであったのかもしれず，ヘブライ数学を検討することによって，アラビア数学では資料がなく明確ではなかった代数学の起源が明らかになるかもしれません．

　ところで本書『計測と計算の書』が訳された年1145年は，またチェスターのロバートがフワーリズミー『代数学』をアラビア語からラテン語に訳した年でもあり，「西洋代数学の誕生の年」と呼ばれることがあります[17]．

---

[15] Maximilian Curtze, *Urkunden zur Geschichte der Mathematik im Mittelalter und der Renaissance* II, Leipzig, p.34.

[16] またフワーリズミー系統の代数学が常に数値例で示すのを中心とするのに対して，アブラハム・イブン・エズラとアブラハム・バル・ヒッヤの代数学は一般解を示している点でも両者は異なる．両方の相違点をさらに探求する必要がある．

[17] フワーリズミー『代数学』の一部分には，直接的か間接的か不明だが，翻訳時期未詳のヘブライ語部分訳写本が現存する．

初期代数学の流れ

　またアブラハム・イブン・エズラのほうはアラビア数学の影響下で 1140 年頃『計測の書』を書きました．これは直後にラテン語にも翻訳されています[18]．ここでも 2 次方程式解法に相当するものが述べられていますが，幾何学的解法は見いだせません[19]．以上 2 点にはアラビア代数学特有の用語が見いだせず，その点で初期ヘブライ代数学としておきます．

アラビアからヘブライへの代数学

　アラビア代数学の用語が初めて現れたのは，モーゼス・イブン・ティッボン（1240 頃～1283 頃活躍）がアラビア語からヘブライ語に訳した（1271）ハッサール[20] の『計算の書』です．

　ハッサール『計算の書』のヘブライ語訳では次のような単語が使用され，2 次方程式の用語は，アラビア語にならい，同一の意味を持つ単語が用いられています[21]．

---

[18]　Maximilian Curtze, "Der *Liber Embadorum* des Abraham bar Chijja Savasorda in der Übersetzung des Plato von Tivoli ", *Urkunden zur Geschichte der Mathematik im Mittelalter und der Renaissance*, Leipzig, 1902, SS.1-183.

[19]　Tony Levy and Charles Burnett, *op.cit.*.

[20]　アブー・バクル・イブン・ムハンマド・イブン・アヤーシュ・ハッサールは，12 世紀西北アフリカのセウタで活躍したアラビア数学者．

[21]　中世ヘブライ語数学用語に関してはヘブライ語による次がある．Gad B. Sarfatti, *Mathematical Terminology in Hebrew Scientific Literature of the Middle Ages*, Jerusalem, 1968.

	アラビア語	ヘブライ語	意味
未知数	shay'	davar	もの x
未知数平方	māl	mamon	財 x^2
根	jidr	shoresh	根

　ハッサールは，分数の分母分子を分ける横棒を最初に使用した数学者の一人です．たとえばヘブライ語訳では次のようになり（ここでは活字体にしておきます），

$$\frac{גב}{הג}$$

　これは $\frac{23}{35}$ を指し，右から読んで，$\frac{3}{5}+\frac{2}{3\times5}$，つまり $\frac{11}{15}$ を示しています[*22].

　スペインのユダヤ系天文学者，詩人で，シチリアに移住したイサーク・イブン・アフダブ（1350 頃~1429 頃）は，『数論』[*23]（14世紀末）の末尾で代数学を扱っています．ただしこれは，北アフリカの有名なアラビア数学者イブヌル・バンナー（1256~1321）の『計算演算の要約』のヘブライ語訳と註釈です[*24].

　マグレブのアラビア数学には記号法を採用しているものがあります．このイブン・アフダブの書にはマグレブ数学の特徴の一つである省略記号法の痕跡が見られるのは興味深いことです．たとえば1次の未知数を示すアラビア語のشىء（shay'）の最初の文字（右端）ش は，ヘブライ語の ש に対応しています[*25].

[*22]　アラビア数学における分数表記に関しては拙著を参照．『フィボナッチ』，現代数学社，2016, 79-81 頁.

[*23]　書名は *Iggeret ha-Mispar* なので，「数の書簡」という意味.

[*24]　このヘブライ語訳書は最近編集版が英訳とともに出版されている．Ilana Wartenberg, *op.cit.*.

[*25]　Ilana Wartenberg, *op.cit.*, p.223.

モノ (x)	שׁ
財　(x^2)	מ
立方 (x^3)	ע
1 つのモノ $(1x)$	שׁא
2 つのモノ $(2x)$	שׁב
3 つのモノ $(3x)$	שׁג
1 つの財　$(1x^2)$	מא
立方の立方 $(x^3)^3$	עשׁא

ヘブライ語代数学の省略記号法

　$2x$ を示すשׁבは指数と基数とが逆になり，今日で言えば 2^x という形で表記されています．ただしこのイサーク・イブン・アフダブの書の現存写本は，16 世紀中頃コンスタンティノポリスで写された 1 点のみなので，その後の影響は不明です．

　最後に取り上げるのはモデルカイ・フィンジ（1441～1473 活躍）です．イタリアのマントヴァで活躍し，詳細は不明ですが，多くの写本を収集していたことが知られています．その一部を自らヘブライ語に翻訳し，そのなかに 2 次方程式を扱った代数学作品が 2 点あります．一つはピサのマエストロ・ダルディ（14 世紀）のイタリア語から（1473）のもの，もう一つはアブー・カーミル（850 頃～930 頃）のアラビア語からのものです[26]．原作品は古いのですが，当時としては大変評価できるということでモデルカイ・フィンジはこの 2 作品を選んだのでしょう．実

---

[26]　マエストロ・ダルディの翻訳作品は一部のみが現存する．レヴィによると，アブー・カーミルの作品はアラビア語からではなく，古スペイン語訳がすでにあったとして，そこから訳された可能性がある．Tony Levy, "L'algèbre arabe dans les textes hébraïques (II)", *Arabic Sciences and Philosophy* 17 (2007), pp. 81 - 107.

際ダルディの本は198題もの多くの例題を含み（ただし現存ヘブライ語訳はそのうち51題），彼はイタリアではピサのレオナルド（フィボナッチ）とパチョーリとの間に活躍した最も重要な数学者の一人です．また，アブー・カーミルの書は500年以上も前の作品ですが，長期にわたりアラビア地域各地で読み継がれていたことが知られています．

　本章では代数学を扱いました．しかしイタリアやアラビアでなされたような，2次方程式解法を超える代数学の展開は今のところ見つかっていません．今後の研究を待ちたいところです．ヘブライ数学では，アルキメデスの受容，組合せ論など，代数学とは別のはるかに高度な数学が展開し，しかも本章冒頭で述べたこととは異なり，宗教から独立し，数学そのものの研究が存在していたことについてはいずれ稿を改めて論じることにします．

第 2 章

西洋中世は『原論』をどう見たか？

アルベルトゥス・マグヌスの『原論』註釈

エウクレイデス『原論』は数学の歴史上で最もよく読まれた作品です．そのため古代から多くの解説や註釈を生んできました．とりわけ中世アラビア世界がそうです．ところが西洋中世では註釈は少なかったようです．中世大学では基本的に『原論』が教えられていたことを考えると不思議なことです．よく知られている註釈はニコル・オレーム（1323 頃~82）による『エウクレイデスの幾何学に関する諸疑問』です[*1]．しかしながらこれは註釈というよりも，むしろ『原論』の題材に含まれている疑問点をいくつか取り上げ論じたもので，註釈を越えた独立の論考と考えたほうがよいかもしれません．今回取り上げるのは，『原論』に即した厳密なる註釈で，しかも西洋中世では最初の『原論』註釈でもあります．それはアルベルトゥス・マグヌス（1200 少し前~1280）の『原論』註釈です．

[*1] この書については次の拙文を参照．「西欧中世の無限級数論——オレム『ユークリッド幾何学に関する諸問題』の諸相」，『数理解析研究所講究録』1583 号，2008, 110 - 22 頁．

西洋中世の『原論』註釈

　『原論』はすでに古代にボエティウス（480～525頃）が研究しました．この系統に属するボエティウス版『原論』には2種あり，11世紀前半にラテン語でまとめられたそのうちの一つは，『幾何学』と呼ばれ，西洋中世で頻繁に参照されていました．12世紀に『原論』がアラビア語からラテン語に翻訳されると，今度はその翻訳が西洋で広く読まれるようになりました．多くの写本が残されているためそれがわかります．

　早い時期に註釈を書いたと推測されるのはピサのレオナルドです．その『算板の書』（初版1202）の第14章は『原論』第10巻を代数的に書き直した内容ですが（ただし記号は用いられていない），これはレオナルドがおそらく別個に独立して執筆したものを，この第14章に取り入れたものと考えられます．このレオナルドの註釈は現存しませんが，おそらく初期の註釈（あるいは『原論』解釈と言えるかもしれない）の一つでしょう．またペルシャ人ナイリージー（865～922）の執筆なるアラビア語の註釈（第10巻まで）は，12世紀にクレモナのゲラルド（1114～87）によりラテン語に翻訳され，これも西洋中世では少なからず読まれたようです．

　アルベルトゥス・マグヌスが註釈を書く際に利用した『原論』は，用語法や内容の類似性から，チェスターのロバートがアラビア語からラテン語に訳したものを，さらに13世紀前半に編集しなおしたラテン語テクストと言われています．その写本が現在ヴァチカンとボンにあるので，この『原論』はV-B版と呼ばれています．

　中世で最もよく参照された『原論』はノヴァーラのカンパヌス（1220～96）による註釈付きの，いわゆるカンパヌス版エウクレイデス『原論』です．以上をおおよそ年代順にまとめると次のようになります．

11 世紀前半
　ボエティウス『幾何学』2 巻本
12 世紀
　アラビア語およびギリシャ語からの『原論』のラテン語訳
12 世紀
　ナイリージーの註釈（10 巻）のラテン語訳
12 世紀末
　ピサのレオナルドによる『原論』第 10 巻註釈（？）
13 世紀前半
　ラテン語 V-B 版『原論』
1250~67 の間
　アルベルトゥス・マグヌスの註釈
1260
　カンパヌス版エウクレイデス『原論』
1343~51 の間
　オレーム『エウクレイデスの幾何学に関する諸疑問』

　では，アルベルトゥス・マグヌスとその註釈について述べることにします.

アルベルトゥス・マグヌスとその註釈

　ドイツ出身のアルベルトゥス・マグヌスは，神学者トマス・アクィナスの師として，また「普遍博士」（doctor universalis）と呼ばれ，今日でもよく知られたキリスト教神学者・哲学者です. 彼はまた「科学者」としても知られていますが，それは生物学・博物学方面の仕事からで，自然学に関する作品は，鉱物学，動植物学，錬金術などがあり，かなり幅広い知識を有していたことがわかります. しかし彼は決して「数学者」ということではありません. おそらく彼は各地で神学や哲学を教えた教師としての教育面での職務上，基本テクストである『原論』に註釈を加える必要を感じたのでしょう.

アルベルトゥス・マグヌスの肖像　ジャン・ジャック・ボワサール
『イコン』(1597〜99) より

　さてアルベルトゥス・マグヌスによる現存唯一の註釈と言わ
れているのは，ウィーンのドミニコ会修道院に保管されている
手稿 (Dominikanerkloster Vienna 80/45, 105r-145r) です．こ
れはアルベルトゥス・マグヌスの指示のもとに書かれたものと
考えられます．直筆という研究者もいますが，確実に直筆と知
られている他の作品と字体が異なるので，直筆という説は支持
できません．またアルベルトゥス・マグヌスの作品ではないと
主張する研究者もいます[*2]．しかし今日では，40巻以上から成立
している『アルベルトゥス・マグヌス全集』に所収されています
ので，ここでは真作の前提で話を進めます[*3]．
　ラテン語テクストには次のものがあります．

[*2]　稿本の冒頭には，本文とは異なる別の手で「アルベルトゥスの註釈付エウ
クレイデス第一巻」と書かれている．

[*3]　真作かどうかに関しては多くの研究が存在し，それらの文献リストは
次に見える．Anthony Lo Bello, "Albert the Great and Mathematics", *Brill'
Companion to the Christian Tradition*, Leiden/Boston, 2013, pp.381-96.

- Paul M.J.E. Tummers (ed.), *Alberti Magni ordinis fratrum praedicatorum super Euclidem*, (*Opera omnia* t.39), Aschendorff, 2014.

これは『アルベルトゥス・マグヌス全集』第39巻で，現代の研究者による解説も含めすべてラテン語で書かれています．

註釈についての翻訳・研究は次のものがあります．

- P.M.J.E. Tummers, *Uitgave van Boek I van Albertus (Magnus) en van Anaritius*, Nijmegen, 1984. オランダ語

- Anthony Lo Bello, *The Commentary of Albertus Magnus on Book I of Euclid's Elements of Geometry*, Boston/Leiden, 2003. 英語

またアルベルトゥス・マグヌスの科学を広く扱った論文集があります．

- James A. Weisheipl (ed.), *Albertus Magnus and the Sciences: Commemorative Essays*, Toronto, 1980.

本章では以上の4点を利用します．

註釈はときどき人名に言及し，そこには次のような人名が見えます．

　　ラテン：アデラード，ボエティウス
　　ギリシャ：アガニス，アポロニオス，アルキメデス，アリ
　　　　　　　スティッポス，アリストテレス，ディオドロス，
　　　　　　　エウクレイデス，ヘロン，プラトン，ポセイドニ
　　　　　　　オス，プトレマイオス，シンプリキオス
　　アラビア：ファーラービー，ナイリージー，イブン・シー
　　　　　　　ナー，サービト・イブン・クッラ

　他にピュタゴラス学派やアラビアの学者などへの言及もあります．もちろん上記にあげた名前すべてはアルベルトゥス・マグヌスが利用したラテン語テクストに見える名前であり，それらの人物が書いたギリシャ語やアラビア語の原典を直接参照できたわけではありません．しかしこのリストから，13 世紀西洋ではどのような学者が知られていたのかがよくわかります．

　本書は，アルベルトゥス・マグヌスによる序文と 1–4 巻までの註釈を含んでいます．5 巻以降も書かれたかもしれませんが，残されておらず詳細は不明です．付けられた図版は丁寧に描かれ，円もコンパスで描かれています．内容は数学的には高度なものではなく，「研究愛好者」(amor studii, propter delectationem studii）などの単語が見えるので，「数学者」向けと言うよりも，広く数学愛好者向けに書かれたのでしょう．

註釈序文

　本来の『原論』には序文はありませんが，アルベルトゥス・マグヌスの註釈冒頭には哲学的序文が付けられています．バスのアデラードがアラビア語からラテン語に翻訳した『原論』冒頭にも序文が付けられています[*4]．ともにスコラ学という学問の伝統の中に『原論』を組み込むのに有益な役割をしました．その内容を見ていくことにします．

　まずアリストテレス『形而上学』に準じて，哲学が自然学，数学，神学に 3 区分されます．数学は，感覚的質料が変化する可能性を定義を用いて示すことができるとされ，この数学のみが学問（scientia）の名に値し，したがって真理に到達したい

[*4] 次の和訳がある．高橋憲一「アデラード III『原論』序文」，伊東俊太郎（編）『中世の数学』，共立出版，1987，116-22 頁．

者は数学に最大の注意を払わねばならないと言います．さらに
ピュタゴラス学派に準じて，数学を離散数学と連続数学とに分
け，また算術，幾何学，天文学，音楽に分けます．人間と他の
動物とを分けるのは，人間が技術と理性を用いることができ，ま
た土地を所有することができる，という点が指摘されています．

　ところで幾何学はエジプトにおける土地の分割に起源をもち，
幾何学の重要性が指摘されています．ここでアルベルトゥス・
マグヌスは，古代ローマの建築理論家ウィトルウィウス『建築
論』第 6 章 1 に記述されている，古代ギリシャの哲学者アリス
ティッポス（前 435~前 355）の有名な話を引用しています．難
破してロードス島にたどり着いた船員たちが，砂浜に幾何学図
形を見い出し，住民すなわち文明化した人間がその島にいるこ
とを悟り安堵するという話です [*5].

[*5]　詳細は，拙文「数学の起源」，『現代数学』49（6），2016 年 6 月号，70-75
頁参照．『文明のなかの数学』に収録．

ロードス島で図形を発見し驚いている船員たち．デイヴィッド・
グレゴリー『エウクレイデス全集』(1703) 所収の図版 [6]

　ところで幾何学は連続量を対象としますが，アラビアの哲学
者ファーラービー（880〜950）に準じて，連続量の基本は線，
面，点の 3 種しかないことを確認しています．点の運動から線
が，線の運動から面が，面の運動から立体が生まれますが，そ
れ以上は進むことはできません．したがって最終的に点こそが
究極の基本となるのです．こうして幾何学は点から始まるので，
『原論』第 1 巻冒頭には点の定義が置かれています．以下では，
主として註釈で用いられる用語を中心に内容を見ていきます．

[6]　ディヴィッド・グレゴリー (1659-1708) はオックスフォード大学サヴィル
教授職（天文学）に就いていたこともあり，オックスフォードでこの時期出版
された数学書にはこの図版がしばしば用いられた．

『原論』の定義

　序文のあと，今日知られている『原論』とは数は異なりますが，定義（19個），公準（5個），公理（7個）が続き，それぞれが興味深いものです．

　　［**定義18**］さて，四辺形の中には，等辺で直角な正方形，直角だが等辺ではない長方形[*7]，等辺だが直角ではないのはエルムハイム，対辺と対角とは等しいが，直角にも等辺にも囲まれない準エルムハイムがある．これら以外の四辺形はすべてエルムンハリファと呼ばれる．

　まだ対応するラテン語の単語がないのでアラビア語音訳を用いていますが，エルムハイム，準エルムハイム，エルムンハリファの図が掲載され，このあと註釈が以下のように続きます．

　　しかしながら，ギリシャ語からの翻訳ではエルムハイムと言うが，アラビア語からではルンブスと言う．というのは，図からわかるように，その図形は魚のカレイ（rumbus pyscis）のような，正方形の二辺を押しつぶした形をしているからである．また準（simile）エルムハイム，他ではルンボイデスと呼ばれる図形は，図のように，確かに辺には等しいものがあるが，隣の辺は等しくなく，隣の角も等しくはない．さらにエルムンハリファはトラペジアとも言う．

----

*7　四辺形は quadrilaterus，四角形は tetragonus．ここでは四角形は長方形を示している．

シンプリキオスとアルキメデスは，限定されていない四辺形はトラペジアと呼ばれると述べており，実際通常そう呼ばれる．しかしエウクレイデスは『分割の書』で，対辺が平行な二辺をもつ図形を除くと四辺形はトラペジアとは呼ばず，図に見るように，準トラペジアと呼ぶと述べていると，ファーラービーは紹介している．

このようにエウクレイデスによる定義本文を述べた後，アルベルトゥス・マグヌスは自註を付けるという書式を続けます．アルベルトゥス・マグヌスはギリシャ語からの翻訳とアラビア語からの翻訳について言及していますが，12世紀にシチリアでギリシャ語から直接ラテン語に翻訳された『原論』を参照した可能性はなく，ここの記述にはかなり混乱が見られます．アルベルトゥス・マグヌスが誤解していたのか，あるいは参照したテクストに間違いがあったのか定かではありません．

いまそれを正して用いられる単語を見ておきましょう．名称，アルベルトゥス・マグヌスによるアラビア語起源のラテン語の言い方，通常のラテン語名を順に示すと，次のようになります．

名称	アラビア語起源	ラテン語
正方形		quadtatus
長方形		tetragonus
ひし形	elmuhaym [8]	rumbus
平行四辺形	simile elmuhaym	rumboydes
一般台形	elmynharyfa	trapezium

アラビア語起源の図形名称

定義が終わると次に公準が続きます．

---

[8] このアラビア語原型は al-mu'ayyan.

『原論』の公準と公理

通常第 5 公準と呼ばれる有名な平行線公準はここでは第 4 公準です [*9]. その内容を述べた後，この公準は定理 29 でしか用いられていないと注意しています（これは正しい）. 古代のプトレマイオス，ディオドロス [*10]，アガニスはこの第 4 公準を公準ではなく定理として証明しているとも付け加えています.

公準の後は，精神の共通概念（communes animi conceptiones）と呼ばれる公理が来ます. そこでは，先と同じようにボエティウスからの引用があります. すなわち，精神の共通概念は言われれば誰でも認めるもので，原理のように信じるべきで，ここから他の定理が証明されるというのです. 公理は 7 個与えられていますが，その後さらに古代人やアルベルトゥス・マグヌスの時代の人々が 7 個の公理を追加していると言います. それが誰なのかはここでは示されていませんが，新たに付け加えられた公理には次のものがあります.

> 等しいものが不等なものに加えられるなら，不等なものがもう一つの不等なものを超過するのと同じだけ，[付け加えられた] 全体はもう一つの [付け加えられた] 全体を超過する.
> 面が面を切断するなら，必ず線において切断される.

公理の後は定理がくるのですが，その前にいくつかの説明があります. まず幾何学には実践幾何学と理論幾何学とがあると説明されています. その後定理の証明の末尾に添えられる句を

[*9]　中世版『原論』では今日の公準 1, 2 が合わさって公準 1 となり，1 つずれていた. そして伝統的に第 8 ないし第 9 公準とされていた「2 線分は面を囲まない」が第 5 公準とされていた.

[*10]　アレクサンドリアの数学者（前 200 頃活躍）で，ラテン世界ではデウルスと呼ばれでいた. 同名の多くの学者がいたので注意.

3つ紹介しています.「そしてこれがすべきことであった」,「これが証明すべきことであった」,「これが見いだすべきことであった」です. 次に証明に用いられる用語についての説明が続きます.

> **命題**（propositio）とは, 証明すべく提案されたものである. それは結論とは実体上は異ならないが推論上は異なる. というのも, 提案されるのが命題であり, もっとも適切でかつ真であると結論されるのが結論だからである.
> **例示**（exemplum）とは, 命題の内容を眼に, したがって像にゆだねる表示である.
> **区別**（differentia）とは, 例示の中で仮定されたものと共通の類とから, 求めるものを区別するものである[*11].
> **作図**（opus）とは, 線を用いて主張を示すことである. ここで"主張"とは証明すべきことを示す.
> **証明**（probatio）とは, 求めるべきことを仮定から推論するものである.

以上はおそらく古代の註釈家プロクロス（412~85）が『エウクレイデス「原論」第1巻註釈』で言及している, 言明, 提示, 特定, 設定, 証明の5つに対応していると考えられます. ただしアルベルトゥス・マグヌスは必須なのは少なくとも3点, つまり命題, 証明, 結論であると付け加えています. その後, 定理（theorema）と補題（corollarium）の説明があり, さらに次の説明が続きます.

> **様々な提示**（diversificatio positionis）とは, 命題がすべての場合に証明できるように, 図を様々に変えることである. 他のあるいは三番目の証明等々が, 基本となる証明に

[*11]　一般的で共通する事例を命題の中で限定特殊化することを意味する.

次々と終わりまで加えられるとき，それは**証明の付加**（adiunctus probationis）と呼ばれる.

主張の逆を不可能に（conversio intentionis ad impossibile）とは，主張の逆を仮定し，それを不可能に導くことである.

以上述べた公理の付加以降の用語の説明は，本来の『原論』そのものにはありませんが，アラビア語訳『原論』，そしてナイリージーによる『原論註釈』にも，表現は少し異なりますが見えます.

以下では，定理のいくつかにアルベルトゥス・マグヌスが付け加えた註釈に触れておきましょう.

『原論』註釈

［**第1巻命題5**］二等辺三角形の底辺上の角は等しく，もし辺が延長されると，底辺の下にある角は等しくなるであろう.

証明（ここでは略）の末尾には次の言葉が付け加えられています.

さらに，何人かの古代人たちはこの命題を，「哀れな」を意味する ele と，学習に注意を向けない哀れな怠け者がここで「離脱する」fugare とから, elefuga と呼ぶ，ということをあなたは知る.

これはアルベルトゥス・マグヌスの誤解ですが，この呼び方はすでにアラビア語からラテン語に『原論』を翻訳したアデラードが用いています.　この単語の歴史を研究したクニッチェは，

この単語は次のように変化して生まれたと述べています＊12．アラビアでは，ギリシャ語からアラビア語へ『原論』の翻訳を命じたとされるカリフのマアムーン（在位 813~833）にちなんで，この命題は「マアムーンの［命題］」（al-ma'mūnī）と呼ばれ，さらにそれが an-nāfī（脱出）と変化した．次にそれがラテン語に翻訳されたとき，elnefea とローマ字化され，それが fuga（脱出）を意味すると解釈され，最終的に elefuga となったということです．したがってラテン世界では，『原論』が理解できない哀れな学習者は，『原論』第 1 巻命題 5 のこのあたりで学習を逃げ出したと解釈されてきました．

　次に『原論』第 2 巻を見てみましょう．数値例が付けられています．

　　［**第 2 巻命題 6**］もし線分が二等分され，それに他の線が長さにおいて加えられるなら，構成された全体と加えられた線とからなるものと，半分が自らに掛けられたものとの和は，半分と加えられた線とから描かれた正方形に等しい＊13．

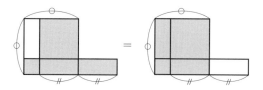

第 2 巻命題．テクストにはない図を補う

ここでは「線を引く」を示すラテン語 duco と正方形

＊12　P.Kunitzsch, "The Peacock's Tail: On the Names of Some Theorems of Euclid's Elements", M. Folkerts and J. P. Hogendijk (eds.), *Vestigia Mathematica*, Amsterdam, 1993, pp.205-14.

＊13　P.M.J.E.Tummers（ed.）, *op.cit.*, 2014, *op.cit.*, pp.61-2.

quadratus は，それぞれ「掛ける」と「平方」を意味しますので，
この命題は幾何学ではなく数値例で示すことができ，証明の末
尾に次の数値例が与えられています．

> この数値例．六が二等分，すなわち二つの三に分けられ，そ
> の六に任意の数，たとえば二が加えられると，そのとき八と
> なる．八が二と掛けられたものと，六の半分から作られたも
> のを自乗したものとの和は，六の半分つまり三と，加えられ
> た二とが加えられ，五となり，それが自乗されたものと等し
> くなる．というのも，それらは 25 だからである．これが証
> 明したいことであった．

数値例は本来の『原論』には含まれていませんが，アラビアの
註釈にはよく見られます．このアルベルトゥス・マグヌスの例
はナイリージーに見られる数値例を採用しています．なお最後
の 25 のみがアラビア数字で，他は数詞（上記訳では漢数字）が
用いられています．ここから言えるのは，25 は数詞にすると長
くなる（viginti quinque）からでしょうか．アルベルトゥス・マ
グヌスの所属するアカデミックな世界ですでにアラビア数字が
用いられていたのは興味深いことです．

アルベルトゥス・マグヌスは数学者として一流というわけで
はありません．註釈には誤解も少なからず見えます．しかし当
時得られる資料をできるだけ集め，それを初学者向けにまとめ
ていたからこそ，この作品を通じて，13 世紀に西洋の学者の間
で『原論』がどのように理解され，そして誤解されたのかがわか
るのです．その意味でこの註釈はきわめて貴重な資料と言わね
ばなりません．ただしアルベルトゥス・マグヌスの註釈の影響

はほとんど限られていたことが指摘されています＊14．また彼自
身，数学のみが学問の真理に至る道であると述べながらも，こ
の註釈以外に数学の研究に進まなかったのは，スコラ学という
中世の学問構造において，そしてアリストテレス主義者アルベ
ルトゥス・マグヌスにとって，実際には数学の位置がそれほど
高くはなかったからかもしれません．

＊14　トゥンマーズによると，内容上で影響を及ぼした写本は1点（Vat. Reg.
versio a）のみであるという．P.M.J.E.Tummers, "The Commentary of Albert
on Euclid's Elements of Geometry", in Weisheipl, *op.cit*., 1980, pp.479-99.

第 3 章

ルネサンスの実用数学

フランチェスコ・ディ・ジョルジョ・マルティーニの場合

2019 年はレオナルド・ダ・ヴィンチ（1452~1519）の没後
500 年です．描いた絵の数は多くはなく，残されたノート類か
ら見る限り，彼は画家というよりは主として技術者であったと
言うほうがよいでしょう．とりわけ軍事技術にすぐれていたこ
とが知られています．現存 13000 頁にもなる多くのノート類
（書いたノート全体の 3 分の一が現存していると言われている）
を見ると，エウクレイデス『原論』やアルキメデスへの言及な
ど，古典作品も少なからず参照していたことがわかります．し
かしラテン語はあまり得意でなかったようで（実際「パリ手稿 I」
50^{r} – 55^{v} にはラテン語単語の練習のあとが見える[*1]），古典の
知識は周りの人文主義者たちから情報を得たのかもしれません．
しかし彼には 116 点の蔵書があったことが知られています．そ
れらは必ずしも刊本だけではなく，時代からして写本なども含
まれていました．しかし一点を除いて今日では失われてしまい
ました．その中の残された一つ，それはシエナ出身の技術者フ

[*1] 手稿一枚の表側を r，裏側を v で示す．

ランチェスコ・ディ・ジョルジョ・マルティーニの作品です [*2].
今回はこの作品の中の数学を取り上げることにします.

『建築論』

　フランチェスコ・ディ・ジョルジョ・マルティーニのその作品
とは, 題名はありませんが今日『建築論』と呼ばれ, 1481~84
年頃にウルビーノで完成されたと考えられる古いイタリア語作
品です. この作品は活版印刷が盛んになる以前に書かれたこと
もあり, 印刷目的で書かれたものではありません. 今日残され
ているレオナルドの手稿と同様な内容であるものの, レオナル
ドのものと比べるとずっと丁寧に書かれています. 写本が何点
か残され, そのうちの一つをレオナルドが所持し, しかも欄外
12箇所にレオナルド自身が書き込みをしています. そのためか,
この手稿は長い間レオナルドの作品と見なされていました. ま
たレオナルドがこの写本から書き写したデッサンが彼の手稿に残
されています [*3].

　『建築論』は4種類程残され, それら写本は書かれた時代か
ら前期後期の2つの系統に分類できます. 前期はラウレンツィ
アーナ・アシュバーナム版 (以下 LA 版と略す) [*4] とトリノ・サ
ルッツィアーノ版 (TS 版), 後期はシエナ版 (S 版) とマリアベ

[*2] 蔵書リストは次に見える. Ladislao Reti, *The Library of Leonardo da Vinci*, Los Angeles, 1972. 当該作品は 99 番.

[*3] マドリッド手稿 II, ff.86-98. ラディスラオ・レティ『マドリッド手稿 III　解題』(小野健一他訳), 岩波書店, 1975, 89-90 頁.

[*4] 一時期リブリによって英国のアシュバーナム卿に売却され, 後にフィレン ツェのラウレンツィアーナ図書館に買い戻され保管されたことによる名称. リ ブリについては, 次の拙文を参照. 「科学史のなかのリブリ事件」, 『現代数学』 48 (10), 2015, 69-71 頁.

キアーノ版（M 版）です．前者は建築，機械に詳しく，幾何学
の解説を含み，後者は要塞に詳しく，柱の装飾の解説を含んで
います．両者は今日ではテクストが編纂され，LA 版の 1979 年
編集版 [*5] は，その本文と編集者マラーニによる解説とがイタリ
ア語から和訳されています．

- フランチェスコ・ディ・ジョルジョ・マルティーニ『建築論』
  （ピエトロ・C.マラーニ翻刻・校訂，日高健一郎訳），中央
  公論社，1991．

　これは原典の写真版，翻刻，翻訳・解説の 3 冊からなる大
部な作品で，編集者の詳細な註を含め日本語に丁寧に訳されて
いることは大変喜ばしいことです．この LA 版の翻訳をもとに，
その中の幾何学の箇所を検討していくことにします [*6]．
　『建築論』は，城郭・要塞設計，都市計画から始まり，軍事
技術（大型投石機，シェルター，戦車などの設計），機械・大
砲の設置・運搬など広く建築や機械に関わることが説明されて
います [*7]．当時歯車はまだ木製でしたが，非軍事的仕事の一つと
してこの歯車装置の解説などは見事なものです．歯車をはじめ
粉挽き機など減速装置，建物の円柱を立てる装置，建物を移動
する移動装置は重要な機械装置でした．このテクストの特徴は，
大半の説明には本文理解に役立つようわかりやすく精確な図版

[*5]　Pietro C.Marani (tr.), *Trattato di architettura di Francesco di Giorgio Martini*,
2 vols., Firenze, 1979.

[*6]　ただし TS 版のほうがより完全である．次の巻末には TS 版と M 版の図
版が白黒ではあるが収録されている．Francesco di Giorgio Martini,*Trattati
di architettura ingegneria e arte militare* I-II, (cura di Corrado Maltese),
Milano,1967.

[*7]　建築の規則，家と宮殿，都市計画，聖堂，築城術，港，風車や起重機など
の機械などからなる．

が添えられていることです．中にはきれいに彩色された図版も
あります．『建築論』の図版のいくつかは，次の展覧会図録にも
見えます．

- パオロ・ガルッツィ，長尾重武, 石川清（監修）『ダ・ヴィン
  チとルネサンスの発明家たち展』，日本経済新聞社，2001.

　ただし図版は後から弟子によって付け加えられたと見なされ
ています[8]．同じ『建築論』という作品名でも，たとえばレオ
ン・バッティスタ・アルベルティなどの作品には図版は多くは
ありませんので，マルティーニの図版は貴重です．

　彼は農民の家に生まれ，ラテン語を修めることはありません
でした．しかし当時の人文主義の波のなか，古代の著作を参照
することもあったのでしょう．アリストテレス『ニコマコス倫理
学』，ウィトルウィウス『建築十書』，ウェゲティウス『軍事論』
などへの言及があります[9]．

人物

　フランチェスコ・ディ・ジョルジョ・マルティーニ[10]（1439~1501）
は，おそらくシエナで生まれシエナで亡くなったと考えられま
す．残念なことにずっと忘れ去られた存在でした．それはレオ
ナルド・ダ・ヴィンチの存在のせいであると，ルネサンス技術
史家ジルは次のように述べています．

---

[8] 図版が自筆かどうかに関しては議論があるが，ここではマラーニ説に従う．
詳細は，フランチェスコ『建築論』，「解説」，xxx 参照.

[9] 他にもキケロ，ユスティニアヌス『法学提要』，ディオニュシオス『神名論』
などへの言及がある.

[10] フランチェスコ・ディ・ジョルジョ・マルティーニとは，マルティーニの孫,
ジョルジョの子であるフランチェスコを指す.

あれほど彼を借用したレオナルドという偉大な人物に，た
ぶん踏み潰されていたせいであろう．このシエナ人を復権
させるにはかのフィレンツェ人を，ある意味で貶める必要
があった[11]．

　彼は建築家，軍事技術者の部類に属します．当時大変評価
され，多くの仕事をしたとされていますが，詳しいことはあま
りわかっていません．仕事で有名なのは出身地のシエナの地下
水路網（ボッテーニ）の保守管理です[12]．イタリア各地（ウル
ビーノ，ナポリ，ローマなど）で技術者・建築家として引っ張
りだこで活躍し，とりわけウルビーノではフェデリーコ・モン
テフェルトロ公に認められ，136 の仕事を任されたということで
す．ルネサンスの画家・建築家の伝記を書いたヴァザーリは次
のように評価しています．

　　建築では彼はすばらしい判断力を備え，その専門知識が
　　まったく完全であることを示していた．このことは，彼が
　　フェデリーコ・モンテフェルトロ公のためにウルビーノで
　　建設した宮殿に十分現れている．...　フランチェスコは
　　技術者で，とくに軍事技術で有能である．そのことはウル
　　ビーノのかの宮殿に彼自身が描いた装飾小窓（fregio）で示
　　される[13]．

---

[11]　ベルトラン・ジル『ルネサンスの工学者たち』（山田慶兒訳），以文社，
2005, 136 頁．本書はフランチェスコ・ディ・ジョルジョ・マルティーニにも
言及している．

[12]　技術職人（オペライオ）と呼ばれる技師に 1469, 1492 年任命されている．
この施設の一部は今日も残されている．

[13]　Giorgio Vasari, *Lives of the Painters, Sculptors and Architects* II, A.B.Hinds
(tr.), London, 1980, p.26.

実用幾何学

　『建築論』は幾何学も論じています．LA 版ではフォリオ 27^V から 32^V までで 10 頁ほどですが，大判の作品ですから少なくない量です．テクストには編集者マラーニによって便宜的に番号が付けられていますので，それをここでも〔　〕に入れて採用しておきます[14].

　幾何学については次のように始まります．「幾何学が建築にとって欠かせないものであり，それなくしてはいかなる建物も完成させられないということは誰もが認めるところなので，そのうちいくつかのことがらについて，個別に取り上げることとしたい」〔102〕．建築に幾何学が必須であることはすでに古代のウィトルウィウスの時代から言われていることです．また中世アラビアでは，幾何学はペルシャ語由来でハンダサ（handasa）と言いますが，これはまた建築という意味もあり，今日では工学を指すこともあります．

　その後幾何学の分類が述べられます．高度幾何学（altrimetria），平面幾何学（planimetria），立体幾何学（steriometria）です．「高度幾何学は物体の高さと縦方向の長さを計測し，平面幾何学は物体の長さを計測し，立体幾何学[15] は長さ，幅，深さを計測する」．この三分類は西洋中世以来伝統的な分類方法です．「第一の方法によって線的大きさを調べ，第二の方法によって面的大きさを，第三の方法によって立体的大きさを調べる」，と述べています．大きさ（dimensioni）は現代的には次元とも取れますが，当時はまだその概念はなく，単に大きさと考えたほうが

---

[14]　フランチェスコ『建築論』, 51-60 頁. TS 版は「第 9 章　幾何学と距離, 高さ, 深さの計測法」という題が付けられている. Mattese (ed.), *op. cit.*, pp.117-40.

[15]　立体幾何学は和訳では求積法と訳されているが, 近代的な求積法ではないので, 原義から立体幾何学と考えなければならない. 以下断りなく和訳と異なる用語を用いることがある.

よさそうです.

計測

　定義についての長い説明後，計測器具を用いた測量の記述が始まります．その内容は中世伝来の実用幾何学で，以下はすべて計測についてであり，幾何学（geo＋metria）とは，証明ではなく字義通り計測であると理解されていたことがわかります．用いられる器具は四分儀，直角定規，アストロラーベで，ともに中世以来よく知られた計測器具です．アバクスという語も見えますが（[45][53]），これは本来の計算板を意味するのではなく，ここでは単に今日の紙の代りに用いられた書板を示しているようです.

　円に関する問題があります．しかし「それを完全に求めることはできない」[130] としながら，曲線部分は直線とみなし，図のように円を分割して並べる方法を与えています．こうすると「どんな円も簡単に四角形に置き換えることができる」のです.

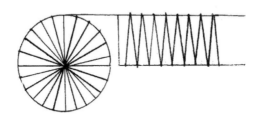

円の求積*16

　円周が与えられたときの直径 [132]，直径が与えられたときの円の面積 [133]，正方形に内接する円 [134]，正方形に概説する円 [136] などを求める問題があります．この一連の問題では，「与

---

*16　写本の図版（フランチェスコ『建築論』，f.31ᵛ）を模写.

えられた寸法から円の直径を知りたいときは，いつでも円周を
3＋1/7 で割ったものがその円の直径であることを覚えておくと
よい」，と念をおしています．

　また「天文学の（astrolagi*17）および哲学の（filossafi）叡智に
よって，以下のような方法で，この地球の円周を知ることがで
きる．すなわち，四分儀の穴を覗いて，固定された指標である
北極星（tramontana）の高度を確かめるのである」［111］という
問題でも，その値が用いられます．ここで，北極星は 1 度で
56＋2/3 マイル（cinquanzei duo terzi miglia）上下することと，
四分儀は 90 度，全天空は 360 度であることが前提条件として
知られていることを指摘しています．すると円周は（56＋2/3）
× 360 ＝ 20400．次に 20400÷（3＋1/7）≒ 6491－1/11 が地
球のおおよその直径となるというのです．地球の中心まではそ
の半分の 3245＋1/2 で，「それは，神の力によって天空の臍であ
り，中心であるように定められている」，と地球が世界の中心で
あることを付け加えています．なお当時はすでにアラビア数字
や分数の横棒が一般的に用いられていましたが，ここでは数字
（分数も）は数詞で表記されています．

　測量で最も詳しく述べられているのは，塔の高さや川幅の長
さを求める方法で，途中に障害物があったときなど様々な条件
のもと，直角三角形の相似で求めています．

---

*17　astrologio は今日占星術と訳されるが，astro ＋ logos に由来するので，天
についての学問，つまり天文学である．

太陽と竿を用いた塔の高さの計測 [18]

　以上は中世以来の実用幾何学によく見られる方法です. 井戸の深さを求める問題 [123] もあります. 井戸の口幅 AB を計測し, その端から棒 AD を垂直に立てる. 棒の先端 D から井戸の底の一端 F を見下ろす. それと AB との交点を C とすると, AC/AD＝AB/DE. こうして深さが求まります [19].

影響関係

　フォリオ 32[r] の上下の欄外に, 有名なレオナルドの鏡文字の書き込みが次のよ

井戸の深さを求める方法

---

[18]　写本の図版（フランチェスコ『建築論』, f.30[r]）を模写.

[19]　これと同問が中国の数学書『九章算術』題 9 [問題] 24 にあります. 「いま円径が五尺の井戸があり, 深さはわからない. 五尺の木が井戸の側に立ち, その木梢から底の水際を望むと, 円径に四寸入る. 問う. 井戸の深さはいくらか」（川原秀城訳『劉徽註九章算術』,『中国天文学・数学集』科学の名著 2, 朝日出版社, 1980, 259-60 頁）この種の問題は古代エジプト, ギリシャなど古代地中海世界でも見られ, 東西で別個に生まれたのではないかと考えられる.

うに見られます[20].

　　角度の，角度の大きさの定義
　　実用幾何学
　　自然の点について．自然界の小さな点はすべての数学的自
　　然点よりも大きい．これは，自然点が連続量であり，すべ
　　ての連続量は無限に分割できるが，数学的な点は量ではな
　　いので分割できないということから証明される．

　最初の2行は単に内容の小見出しのように見えますが，3行
目からは『建築論』を読んだ後の感想と言えます．翻刻に付け
られたマラーニの解説によると，レオナルドは1505年頃幾何
学に関心をもちはじめ，『建築論』を手にしてマドリード手稿
（139ᵛ–140ᵛ）を書いていたと論じています[21].

　『建築論』はフランチェスコのオリジナルなのかどうかに関して
は，今日まで詳細な研究はほとんどありません．しかし数学に関
しては指摘できることがありますので，それを述べておきます．

　『建築論』冒頭では「最初に理解すべきことは」［102］として次
のようなエウクレイデス『原論』の文が続きます．「点とは部分
に分けることのできないものであるということである．線とは幅
をもたない長さのことで，その両端は二つの点となっている」．
これは『原論』の冒頭と内容が同じです．『原論』のイタリア語
訳は数学者タルターリャが公刊（1543）したのが最初とされてい
ます．しかしそれ以前中世末期からすでにイタリア語訳が手稿
の形で存在していました．また少なからずの当時の幾何学書は
『原論』の冒頭の定義を抜粋したり引用したりしています．そこ
でイタリア語訳『原論』冒頭の定義（点と線）の箇所を比較して

---

*20　フランチェスコ『建築論』，51頁．レオナルドの書き込みに関しては，
Carlo Pedretti, *Leonardo architetto*, Electa, 1978 に詳しい．

*21　フランチェスコ『建築論』，xxxiv.

おきます.

最初のイタリア語訳と言われる 15 世紀シエナの手稿[22].

- ［P］unto e una cosa delaquale non e parte.
- La Linea è longitudine sine latitudine, dellaquale le extremità sonnno 2 punti.

作者未詳『実用幾何学』(15 世紀の手稿)[23]

- Punto è quello la parte del quale è nulla.
- Linea è lunghezza senza anpiezza è li suoi termini sonno 2 punti.

ジョヴァンニ・スフォルトゥナティ『新しい光：算術書』(1534)[24]

- Il ponto è quello che non ha (o non è) parte.
- …la linea è longitudine senza latitudine della quale le estremita sono 2 ponti.

タルターリャ版『原論』(1543)[25]

- Il ponto è quello che non ha parte.
- La linea è una longhezza senza larghezza : li termini dellaquale so no duoí ponti.

---

[22]　Polo Pagli, "Una volgarizzazione inedita degli *Elementi* di Euclide", Raffaella Franci *et al*.(eds.), *Itinera mathematica*, Siena, 1996, pp.145‑207. p.157 より引用. なおこの作者未詳の手稿（L.IV.16, Bib.Comunale di Siena）だけではなく, ここでは述べないが, さらに L.IV.17, L.IV.18 にも異なる文体の定義が見える.

[23]　Annimo Fiorentino, *Trattato di Geometria pratica*, Annalisa Simi (ed.), Siena, 1993, p.25.

[24]　Giovanni Sfortunati, *Nuovo Lume. Libro de Arithmetica*, 1534, p.105. ジョヴァンニ・スフォルトゥナティは 16 世紀シエナの数学者. 本書は算術書ではあるが, 『原論』第 1 巻定義の抜粋を含む. タルターリャ版『原論』に先行して出版された.

[25]　Niccolò Tartaglia, *Euclide Megarense philosopho : solo introdutore delle scientie mathematice*, Venedig, 1543.

フランチェスコ『建築論』[102]

- …punto è quella parte de la quale è nulla.
- Linea è lunghezza senza anpiezza, è li suo' i termini son duo punti.

レオナルド・ダ・ヴィンチ[26]

- Punto è quello che no ha parte.
- Linia è una longhezza senza larghezza della quale e sua extremi sono due puncti.

　以上比較すると，フランチェスコの文体は 15 世紀の作者未詳『実用幾何学』に極めて類似していることがわかります．この作品は現在シエナ市立図書館に保管され，シエナ出身のフランチェスコと何らかの関係があったのかもしれません．さらにこの手稿と『建築論』とがはっきりと結びつくところがあります．『原論』とは別の問題ですが，『実用幾何学』と『建築論』の一部が，内容も文体もほぼ同一，計算間違いも同じで，図版の文字も同じというものです．それは 5 角形の面積を求める問題 [137]です[27].

　図のように上下対象の 5 角形があります（ただし作者はこのことは明確には述べていません）．作者未詳『実用幾何学』も『建築論』も ED や OD を 5 ブラッチャの長さとしていますが，これは間違いで，以下の

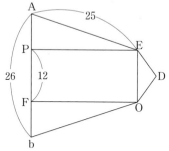

---

[26]　マドリッド手稿 II, f.140ᵛ.『マドリッド手稿　V』, 岩波書店, 1975, p.297. レオナルドと『原論』については次を参照．平野葉一・坂本秋奈・笛木章子「レオナルド・ダ・ヴィンチとユークリッド『原論』——パリ手稿を中心に——」,『中日近現代数学教育史』第 6 巻, ハンカイ出版, 2007, 22-38 頁.

[27]　Annimo Fiorentino, *op cit*., p.156.

計算から判断する限り，二等辺三角形 EOD の高さ，つまり D から EO へ下ろした垂線の長さが 5 ブラッチャです．こうして面積の正解は 486 ですが，両者ともに 496 と誤って書いています．

作者未詳『実用幾何学』は，編集者シミ（Simi）によると，1460 年頃フィレンツェ出身者が書いた作品で，274 問から成立しています[28]．フランチェスコの執筆時期はこれより 20 年ほど後なので，文体も類似していることから，おそらくはフランチェスコがこの『実用幾何学』あるいはその系統の作品から書き写したものであるとと考えられます[29]．

3 角形，6 角形，7 角形，ひし形などの 60 種の要塞設計についても述べられていますが，それら正多角形の作図法には触れられていません．

建築に必要なもの

建築に必要なものについては，幾何学を扱った箇所ではありませんが次のように述べられています．

占星術は，「あなたの建物がどのような性質をもち，何のためのものかに関して，起工の時期と場所を知るためにある」（和訳の文体を変更した）[39]．占星術が建築家にとって必要であったことがわかります．透視画法は，「幾何学の一種であり，二つの消失点，つまり焦点と中心とを含んでいる．焦点は，すべての視線が集まる集約点である」[138]．

さらに重要なのは，古代の建築家ウィトルウィウスに従った人

---

[28] Annimo Fiorentino, *op cit.*, pp.3-4.

[29] ただし求める面積を『実用幾何学』は campo，フランチェスコは spazio と異なって呼んでいる．また『実用幾何学』は通常文末に ed è fatta（これがなされた）という句を入れているが，LA 版にはそれは見られない．他方 TS 版には同様な意味の è da fare が文末に付いている．

体比例です．建築には美しさ，優雅さ，そして比例を完全な形で備えることが必要と言うのです [55]．そして人体比例について触れた後，完全数について説明しています．古代人によると，10が完全数なのは 10 は両手の指の数だからであるという．しかし数学者たちは，「規則的に分けることができる」ので，6 こそが完全数とする．また人体を基準とした基本単位に 6 が含まれていることも強調されています．つまり 1 ブラッチャ（腕の長さ）＝ 6 パルミ（手のひらの長さ）というのです．さらに 10 と 6 を合わせて「最も完全な数」を 16 としています．そして（1 ブラッチャ）－（2 パルミ）＝ 4 パルミ，1 パルミ＝ 4 ディータ（指の長さ）なので，1 ピエディ（歩幅）＝ 16 ディータとなるという．身体の各部の長さに数値が見出され，それが身体の全体美となるので，建築も同じように設計せねばならないと結論しています [56]．

　フランチェスコ・ディ・ジョルジョ・マルティーニ『建築論』（LA 版）のなかの実用数学と，約 40 年後のデューラー『測定法教則』（1525）とは，ともに建築家向けの作品という共通点があります [*30]．しかしフランチェスコのこの版は，建築そのものには詳しいものの，他方で数学的内容は見劣りします．またデューラーとは異なり建築装飾にはあまり詳しくなく，手すりなど装飾設計に用いられる円錐曲線には触れていません．しかし，フランチェスコの作品は中世からの実用数学の伝統を受け継いだ内容を備え，イタリア・ルネサンス期の建築家・技術者がどのような数学的知識を有していたかを示してくれる興味深い作品である，と数学史上で評価できます．

[*30]　デューラーのこの書はラテン語訳され『幾何学』という表題をもつ．下村耕史（訳編）『アルブレヒト・デューラー「測定法教則」注解』, 中央公論美術出版, 2008, 279 - 327 頁.

第4章

西洋で最初に印刷された数学書

——ルネサンスの実用数学『トレヴィーゾ算術書』

　15世紀中頃の印刷術の登場は新しい時代の到来を告げるものでした．数学においても，これ以降従来の成果が書物にまとめられ，広く普及し新しい時代を迎えることになります．西洋で最初に印刷された数学書とされるのは，商業計算法を記述したマニュアルです．それは地中海貿易の中心地の一つ，ヴェネツィア近郊で印刷されたものです．今回はそれを見ておきましょう．

『トレヴィーゾ算術書』

　西洋で最初に印刷されたこの数学書は，1478年，ヴェネツィア近郊のトレヴィーゾで印刷出版されました[*1]．題名はイタリア語 *larte de labbacho* で，labbacho とは la abaco つまりアバクス（英語のアバカス）です．アバクスはこの時代には計算道具では

[*1]　1478年以前に数学に触れた書物は存在したものの，数学を中心とする書物は本書が最初である．初期の数学書については次の基本文献を参照．D. E. Smith, *Rara mathematica*, Boston/London, 1908.

なく，計算そのものを意味していました*2．つまり書名は『算法術』と訳せます．算法術という名前は一般名称で，ほかにも同一名のテクストがあるので，それらと区別するため，ここでは『算法術』ではなく出版地名から『トレヴィーゾ算術書』と呼んでおきます．

　ここで当時のテクストの呼び方について触れておきます．当時，テクストには通常題名がありませんでした．したがって，ピサのレオナルドの『算板の書』(1202) は，冒頭の言葉 Liber abaci が今日では書名として採用されています (liber は書，abaci は算板)*3．手稿のテクストを確定する場合は，文頭と末尾の一文を記入します．それらをラテン語 Inc. (incipit 始まる) と，Exp. (explicit 終わる) で示し，たとえばピサのレオナルド『算板の書』の一番状態の良いテクスト*4 の場合は次のようになります．

　　Inc. incipit liber abaci compositus a Leonardo filio bonaci pisano. In anno M^o cc^o ij^o (ピサ人ボナッチ［家］の息子レオナルドによって書かれたアバクスの書が始まる．1202 年).

　　Exp. ⋯ veniet $\frac{1}{29}$ dragme per quantitates rei (品物の量として $\frac{1}{29}$ ドラグマとなる).

『トレヴィーゾ算術書』は手稿ではなく印刷物ですから，Inc. と Exp. による確定は必要ありませんが，本文は次のように始まります．

---

*2　当時は正書法がなく，ここでは b が重複している．計算盤そのものを abaco (abacus)，それから派生した計算術を abbaco (abbacus) と区別する研究者もいる．しかし単語の意味や綴が時代とともに変化したと考えたほうがよいであろう．

*3　ただしレオナルド自身は本文の 1 箇所で liber calculationum (『計算の書』) と述べている．算板 (アバクス) 自体は当時計算を意味していたので，書名を『計算の書』とすることも可能．

*4　フィレンツェ国立図書館蔵．Conv.Sopp.C.1.2616, 1^r-213^v.

Incommincia vna practica molto bona et vtile A ciafchaduno chi vuole vxare larte dela mercha Dantia. Chiamata vulgarmente larte de labbacho（一般的に算法術と呼ばれている商業の術に関心がある人すべてに，本物の有用な実践が始まる）.

研究文献

『トレヴィーゾ算術書』の存在は古くから知られていたわけではありません．最初に詳細な研究をしたのは数学史家ボンコンパーニで，そこでは『算術論』（*Trattato d'Aritmetica*）と呼ばれています[*5].

　・Baldassarre Boncompagni, *Intorno ad un trattato d'aritmetica stampato nel 1478*, Roma, 1866.

これは講演録に註釈をつけ雑誌に掲載し（1862~63），それを一書にまとめたものです．741 ページもあり，しかも本文 1 行に対し脚注が 80 行ほどもあるページが散見し，膨大な内容を含む作品です．当時の算法書との比較などが詳細になされ，『トレヴィーゾ算術書』に関する基本的研究書です．とりわけ乗法は 350 ページほど，黄金数（後述）は 300 ページほどを割いて説明されています．また原テクストの一部がリトグラフで印刷挿入されています.

英訳もあります．コロンビア大学の数学教授で数学史家のスミス（1860~1944）[*6] は数学古書の収集家でもあり，『トレヴィー

[*5]　ボンコンパーニついては次の拙著の第 22 章を参照.『フィボナッチ』, 現代数学社, 2016.

[*6]　数学教育と数学史に関心を寄せ, 多くの著書や論文を書き残しているが, なかでも彼の『数学史』全 2 巻のうちの 2 巻目は今日でも有用. David Eugene Smith, *History of Mathematics* I - II, Boston,1923-25. ドーヴァー出版からペーパーバックのリプリントも出ている.

ゾ算術書』を入手し，その英訳をしましたが[7]，その訳文は結局公刊されず手稿のまま残されました[8]．

　ようやく近年アメリカの数学史家スウェツがその英訳をまとめ，解説を付けて出版しました．『資本主義と算術——15 世紀の新数学』という刺激的な表題です．

　• Frank J. Swetz, *Capitalism and Arithmetic: The New Math of the 15th Century, Including the Full Text of the Treviso Arithmetic of 1478, Translated by David Eugene Smith*, La Salle, 1987.

『トレヴィーゾ算術書』テクストのオリジナルは 14 点が現存し，そのうち 6 点がアメリカにあり，Web 上でも見ることができます[9]．字体や配列など印刷術初期のものとしてはとてもきれいな出来上がりです．テクストはイタリアでも最近復刻されているようですが，特殊な出版なのか未見です[10]．

　テクスト文末には 1478 年 12 月 10 日と書かれ，それが出版

---

[7]　スミスは当初古典語を研究していたので，ラテン語，ヘブライ語，ギリシャ語に精通し，さらにドイツ語，スペイン語，フランス語，イタリア語にも詳しい．

[8]　ただし一部はすでに次の論文の中で出版された．D.E.Smith, "The First Printed Arithmetic (Treviso, 1478)", *Isis* 6 (1924), pp.311-31.

[9]　インターネット・アーカイヴにある．
　　https://web.archive.org/web/20120206013105/
　　http://www.republicaveneta.com/doc/abaco.pdf.
　　　　　　　　（2019 年 3 月 8 日閲覧）．以下の図版はこれに基づく．

[10]　最近の研究は次を参照．Quirino Bortolato, "Treviso, 10 dicembre 1478：16 anni prima della Summa di Luca Pacioli", Esteban Henràandez-Estreve e Matteo Martelli (cur.), *Before and After Luca Pacioli*, Centro Studi "Mario Pancrazi", 2011, pp. 523-61. Web 上でも見ることができる．
　　http://www.centrostudimariopancrazi.it/images/
　　　　　　　　pubblicazioni/before_and_after_luca_pacioli/23.pdf.
　　　　　　　　　　　　　　　　　　　　（2019 年 3 月 8 日閲覧）

年を示しています[11]．イタリア語ヴェネツィア方言で書かれ，大きさは $14.5 \times 20.6\,\mathrm{cm}$ で，123 ページからなります．作者は不明ですが，ボエティウスを通じてのアリストテレスの言葉への言及があるなど，内容から判断しておそらくは教養のある算法教師でしょう．次の文から始まります．

> 一般的に算法術（larte de labbacho）として知られている商業術に関わるすべての者にとり，とても有益な「実践」(Practica) がここに始まる．商業の仕事を楽しみにしている私がたいそう興味をもつ多くの若者たちがしばしば嘆願してきたのは，一般的に算法（labbacho）と呼ばれる算術（larte de arismetrica）についての基本原理を書物に著すことでした．そこで，彼らの気持ちを汲み，その分野が価値あることに押されて，称賛すべき彼らの希望が有益な成果を生み出せるよう，微力を尽くし私は彼らをいかばかりか満足させることにしました．それゆえ，神掛けて主題をこのアルゴリスム（algorismo）に定め，以下のように進めていきます[12]．

ところでトレヴィーゾは，当時の商業の中心地ヴェネツィアから $23\,\mathrm{km}$ の商業圏内にあります．北にあるブレンナー峠を越すとドイツに至り，ドイツとイタリアの商業ルートに位置し，交易商業も栄えていました．15 世紀の人口はおよそ 12000 人

---

[11]　問題文には 1472 年に言及しているものがいくつかあり，それを考えると，すでにこの時期までに本書の素案が出来ていたことになる．

[12]　Swetz, *op. cit.*, pp.40-1　算法（術），算術，アルゴリスムは実用計算術の意味で，同意語として用いられている．また「実践」という名前で中世以来多くの実用数学書が書かれてきたので（たとえばピサのレオナルドの *Practica geometriae*），本書はその伝統下に位置づけられる．

で，ヴェネツィアの 15 万人には及びませんが．なぜヴェネツィアではなくトレヴィーゾで出版されたのかは不明で，さらに『トレヴィーゾ算術書』以前にヴェネツィアで他の数学書が出版された可能性もあります．当時たまたま数学書出版に関心のあった出版者がトレヴィーゾにいたのかもしれません．出版者についてはミカエル・マンゾーロと推測されていますが，確定的ではありません *13．

初期の数学書出版

　中世以来イタリアではいわゆる「算法書」が数多く書かれました．フィレンツェの図書館に保管されている手稿だけでも約 300 点あります．やがて印刷術の到来とともに，算法書はいち早く出版されます．イタリアに印刷術が導入されたのは 1464 年で，その 14 年後に『トレヴィーゾ算術書』が出版されたのです．リッカルディ『イタリア数学図書』（1870~1928）をもとにスミスが計算した，イタリアにおける出版点数（再版を含む）は，数学書だけでも次のようになり，かなりの数に上ります *14．

1472~1480 年	38 点
1481~1490 年	62 点
1491~1500 年	100 点
不明	13 点
計	213 点

イタリアにおける初期数学書出版点数（1472~1500）

*13　Bortolato, *op. cit.*; Swetz, *op.cit.*. なお当時はドイツの出版者ラートドルト（1442~1528）はヴェネツィアで活躍し（1476-86），エウクレイデス『原論』（1482）を出版している．

*14　D.E.Smith, *Rara mathematica*, p.9.

さてここで，各言語（と出版地）における最も初期の印刷数学
書をリストにしておきます.

> 1478 作者未詳『トレヴィーゾ算術書』
> 　　　イタリア語，トレヴィーゾ
> 1482 エウクレイデス『原論』
> 　　　ラテン語，ヴェネツィア
> 1482 フランチェス・サントクリメン『算術大全』.
> 　　　スペイン語，バルセロナ
> 1483 ウルリヒ・ヴァーグナ『バンベルク計算書』
> 　　　ドイツ語，バンベルク
> 1492 フランチェス・ペロス『算法概説』
> 　　　オック語，トリノ
> 1512 (?) ギヨーム・ニヴェール『パリの算術』
> 　　　フランス語，パリ
> 1519 ガスパル・ニコラス『算術の実践』
> 　　　ポルトガル語，リスボン
> 1521 トンストール『計算術』*15 4 書
> 　　　ラテン語，ロンドン
> 1542 頃 ロバート・レコード『諸学の基礎』
> 　　　英語，ロンドン
> 1610 頃『算用記』
> 　　　日本語，京都（？）

　上記初期の出版に関してはまだ不明なことが多く，他にもと
りあげるべき作品があるかもしれません．ラテン語の『原論』を
除いてどれも実用計算書です.

---

*15 『計算術』(*De arte svppvtandi*) の supputation（英，仏：sub 下＋ puto 評価
する）は算定を意味した.

『トレヴィーゾ算術書』の内容

　では『トレヴィーゾ算術書』の内容に移りましょう．まず記数法から始まります．そこではアラビア数字を用いて次の説明があります．

　　記数法とは，数字（figura）によって数を表記する方法である．これは 10 個の文字や数字によって，ここで示されたようになされる［図版は略］．これらのうち最初の数字 i は数ではなく数の元（principio de numeri）と呼ばれる．10 番目の数字は cifra あるいは nulla，「つまり数字ではないもの」と呼ばれる [16]．それは他の数字と合わさるとその値を増大させるけれども，それ自身は値をもたない［1^v] [17]．

　1 は数ではないと考えられていたこと，そしてその記号は 1 ではなくアルファベットの i であることに注意したい．それ以外の数字の形は今日のものと同じです．

　その後四則演算が続きます．まだ演算記号はないので，加減乗除はこの順にイタリア語の単語（et, de, fia, in）で表記されています．たとえば $3 \times 9 = 27$ は，3 fia 9 fa 27 と書かれます．

　乗法は 3 種示されています．「表法」（per colona），「単純交差法」（per croxetta simplice），そして「チェス盤法」（per scachiero）です．まず表法を暗記することを勧めています．それは九九のみならず，さらに貨幣や重量を換算する必要性から，$n \times m$（$n = 1$ から 9 まで，$m = 12, 20, 24, 32, 36$）の乗法を暗記することも勧めています（換算については本節末参照）．

---

[16]　cifra とは，遡ればアラビア語の ṣifr に行き着くゼロのことである．

[17]　1^v はテクストの 1 葉裏（verso）を意味する．翻訳は Swetz, *op.cit.* を参考にした．

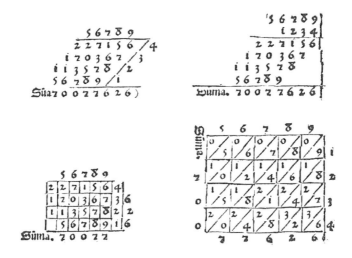

「チェス盤法」による 1234×56789 の 3 種の計算図表 [22ʳ].

　さらにそこに「9 の剰余による検算」も付け加えられていま
す．たとえば 829×24 = 19896 の場合，各々の数の 9 による剰余
を計算し，それらを加えた 8+2+9 = 19 は剰余が 1，24 では 6，
19896 は 6 となるので，829 と 24 の剰余を掛けた 1×6 = 6 は解
の剰余と等しくなり，答は正しいという検算です．

　商業問題の箇所では具体的問題が与えられ，その解法が示さ
れています．証明あるいは検算法は示されていますが，ときに
略されることもあります．「私はこの例と以下のすべて例の証明
法（el modo de prouare）をあなたのために残しておきます．も
し関心があり研究するなら，すでに与えられた方法をきちんと
理解することができるでしょう」[11ᵛ]，と述べています．

　次に，具体的問題の一部を見ておくことにします．問題は現
実に商業に関わるもので，いわゆる遊戯問題，仮想問題などは
ここにはありません．なお以下では解答は除き，解説を付けて
おきます．また [　] 内は便宜上付け加えたものです．

[**貨幣鋳造問題**] マルケあたり 7 オンス $\frac{1}{4}$ の銀を 46 マルケ 7 オンス持っているとき，マルケあたり $3\frac{1}{2}$ の銀にしたい．錫をどれだけ加えればよいか [52^r].

　分数表記は今日のものと同じですが，小さい活字がなかったので分母と分子がそれぞれ 1 行を占め，2 行にわたって書かれています．当時イタリアは小国に分かれており，共通貨幣がないうえに，貨幣はコントロールされていませんでした．したがって貨幣価値は額面ではなく，含まれる貴金属量で判断されたので，貨幣鋳造問題は重要で，多くの数学書に見られます．

[**交換問題**] 商人二人が品物を交換する．一人はブラーザあたり 5 リラの衣類，もう一人はチェントナーロあたり 18 リラの綿を所持している．最初の商人は 464 チェントナーロの綿に対してどれだけ受け取るか [51^v].

　ブラーザ，チェントナーロは英語では yard, hundredweight に相当します．以上の 2 問は 3 数法で解けます．

[**2 項法問題**] 教皇がローマからヴェネツィアまで特使を送り 7 日で着くように命じた．他方ヴェネツィア貴族ももう一人の使者をローマに送り，9 日で着くように命じた．ローマからヴェネツィアまでは 250 ミリア [マイル] である．これら主人の命によって使者たちは同時に出発した．彼らは何日で出会うか，各々はどれだけ進むか [54^v].

　この場合，最初の答えは $\frac{9 \times 7}{9 + 7}$ となる．この計算法は 2 つの数を用いるので 2 項法 (el regula de le do cose) と呼ぶという．

[**共同経営問題**] 3 人の商人ピエロ，ポロ，ズアンネが共同経営に投資した．ピエロは 112 ドゥカト，ポロは 200 ドゥカト，ズアンネは 142 ドゥカト投資した．最後に彼らは 563 ドゥカト利益を得た．各々はどれだけ配分を受

けるのか [47^r].

[**比例問題**] 1 チェントナーロの紬糸は 18 ドゥカトする．100 につき 4 リラ引くと 4562 リラではいくらか [45^r]．… 100 リラの砂糖が 32 ドゥカトするとき，9812 リラではどれだけか [36^v]．

この「100 につき」(per cento) は今日のパーセントの語源となった言葉です．

上記最後の比例問題では次のような図を書いて計算をしています [36^v-37^r]．

① $9812 \times 32 = 313984$．最後の 2 桁を取って，② $84 \times 24 = 2016$ グロッソ．最後の 2 桁を取って，③ $16 \times 32 = 512$ ピゾーロ．最後の 2 桁を取る．12 なので，$\frac{12}{100}$ と考え，これは $\frac{3}{25}$．こうして答えは，3139 ドゥカト，20 グロッソ，$5\frac{3}{25}$ ピゾーロ．

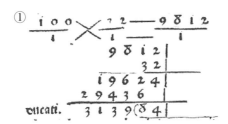

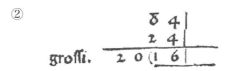

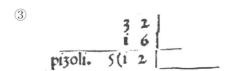

比例問題の計算手順

　ここでは換算計算が複雑ですが，末尾に記されているのをまとめておきます [59^v–61^r].

　　　1 チェントナーロ＝ 100 リラ
　　　1 リラ＝ 12 オンス
　　　1 マルケ＝ 8 オンス
　　　1 ドゥカト＝ 24 グロッソ
　　　1 グローソ＝ 32 ピゾーロ

　さて興味深い内容が含まれていますので，次にそれを見ておきましょう.

黄金数

　キリスト教において復活祭は極めて重要な祝祭日です．実際，復活祭 9 週間前の七旬節の主日（Septuagesima Sunday）から，復活祭 8 週間後の三位一体主日（Trinity Sunday）まで，17 週間も復活祭に関連する日が長々と続きます．一年の三分の一が復活祭に関わる日になるのです．ところで復活祭の日程は様々でしたが，ニカイアの宗教会議で，復活祭は春分の日以後の満月の次の最初の主日（日曜）とされました．これは固定的な日程ではないので，算定法が考案されてきました．商人も復活祭は生活上でも仕事上でも重要な日となるため，それを算定する方法を知るべきと考えられます．こうして黄金数（aureo numero）の見つけ方という興味深い方法が商人計算マニュアルに記述されたのです[*18]．なおこの黄金数は黄金比とは関係はありません.

　当時はユリウス暦が採用され，そこにはメトン周期というものがありました．古代ギリシャの天文学者メトンが前 433 年に

[*18]　ただし黄金数の議論は，パチョーリにもピサのレオナルドにも見いだせない．通常は教会暦関係の書物に見られる.

見出したものです．これは 19 太陽年を 235 朔望月とするもので
す．19 年のうち 12 年は 12 ヶ月（ただし 29 日と 30 日が交互に
くる），7 年は 12 ヶ月に閏月 1 ヶ月（30 日）を加えるものです[19]．
ここで 19 年ごとに巡ってくるメトン周期の中の何番目に当たる
かを示す数が「黄金数」と呼ばれています[20]．

　『トレヴィーゾ算術書』における黄金数の見つけ方は，「黄金数
を見つけたい我が主イエス・キリストの降誕年を 19 で割れ．商
は無視して余りを取り，それに 1 を加えると，それが求めたい
年の黄金数である」[57$^\text{v}$]．

　例題が付けられ，本書出版の 1478 年の黄金数を求めていま
す．$1478 \div 19 = 77$，余り 15．$15 + 1 = 16$，これが黄金数
です．計算手順は，初めの 3 桁 147 で初めて 19 で割れるので，
147 の下に 19 を書き，7 を見出し，それを 14 の上に書き，右
に商として 7 を書く，ここで 147 と 19 は計算し終わったので
斜線を引いておく，等々．

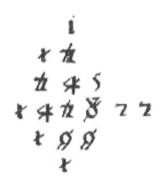

$1478 \div 19 = 77$ の計算

---

[19]　したがって，19 太陽年は 6939.6018 日（365.2422×19），235 朔望月（12×12
+ 13×7）は 6939.688 日（29.530589×235）．詳しくは次を参照．土屋吉正『天
の軌跡』，燦葉出版社，1982，111 頁．

[20]　黄金と呼ぶのは，古代ギリシャの神殿でメトン周期の値が黄金色の文字で
書かれていたことに由来するという．土屋吉正，前掲書，111 頁．

　その後黄金数の具体的使用法が述べられています．その際，正確な暦が必要であるとも書かれています．

　1ヶ月は 29 日 12 時間 793 プンクトとされ，ここで分や秒はなく 1 時間 ＝ 1080 プンクトとされています．すると，1478 年 11 月の新月が 11 月 25 日 8 時 408 プンクトとすると，12 月の新月の日はいつか，という計算をしています．そこでも次のような計算表がつけられています [58ᵛ]．至るところで計算図表が具体的に示され，それが理解の助けになっています．

$$
\begin{array}{ccc}
25 & 8 & 408 \\
29 & 12 & 793 \\
\hline
54 & & 1201 \\
30 & & 1080 \\
\hline
24 & 21 & 121
\end{array}
$$

12 月の新月の日の計算で，答は 12 月 24 日 21 時 121 プンクト．

　『トレヴィーゾ算術書』にはまだ多くの不明点があり，その影響関係も十分にはわかっていません．その後ヴェネツィアで，ピエロ（あるいはピエトロ）・ボルギ（1424～94 頃）のイタリア語による『算術』が 1484 年に出版され，これが大層人気が出て何度も再版されるにおよび [*21]，『トレヴィーゾ算術書』は急速に忘れ去られていく運命にありました．

---

*21　書名は異なるが 20 版弱も再版された．『トレヴィーゾ算術書』の存在が再発見されるまで，ボルギのこの書が最古の印刷された数学書と考えられていた．

第5章

パチョーリとヨセフスの問題

数学ゲームは今日広く知られていますが，数学遊戯という分野も古くから存在し，古代エジプトやメソポタミアの数学テクストの中には今日から見れば数学遊戯と判断できるものがあります．この分野で有名な作品にはフランス語で書かれたバシェやジャック・オザナムのものがあり，広く読まれ続け，後者は英語にも訳されています．今回は数学遊戯の中から，英仏よりも前にすでにイタリアで話題になっていた「ヨセフスの問題」を取り上げます．

ヨセフスの問題

これは n 個のものが円形に並べられ，m 番目が次々と取り除かれ，最後に残るものは本来何番目の位置にあったものなのかを問う問題です．これは通常西洋では伝統的に次のように記述されることがしばしばです．

航海中の船に 2 人のキリスト教徒と 30 人のユダヤ人が乗船している．ところが暴風雨で難破寸前となり，荷物を廃棄せねばならなくなった．それどころか人もです．そこで 32 人を円形に並べ，ある場所から数え始め 9 番目の場所にいる人を海に突き

落とし，それを次々と 30 回繰り返すと，ユダヤ人のみが突き落
とされ，最後にキリスト教徒 2 人が残った．どのような並べ方
をしたのか，どこから数え始めたのか．それを問う問題です．

　これは紀元後 1 世紀のフラウィウス・ヨセフス『ユダヤ戦記』
に由来する問題でそう名づけられました．紀元後 66 年ローマに
攻められたユダヤ人司令官ヨセフスとその仲間 40 人は，投降す
るか自滅するかの選択の道しかなくなりました．ユダヤ教では
自害は禁じられているので，ヨセフスはくじで順番を決め，そ
の順に同胞を互いに殺めていき，最後にヨセフスが残ります．
自害の罪を自分のみに課してヨセフスは自害し，ユダヤ人はい
なくなるというものです．どのようにくじを作り最後にヨセフ
スが残るようにしたのかはここでは明確にされていません[*1]．

　中世からルネサンス期，さらに近代にかけての初等数学書で
は，広く知られたこの逸話が数学問題へと発展し，一種の数学
遊戯として掲載されています．これをカルダーノは『実用算術』
（1539）で「ヨセフスの遊戯」（ludus Josephi）と呼んでいます．こ
の問題は数学遊戯の中ではとりわけよく言及されてきましたが，
その本来の記述を見ることは今日あまりありません．ヨセフス
の問題を最も詳しく論じた者のなかにイタリアの数学者ルカ・パ
チョーリ（1445～1517）がいますので，以下では，その古いトス
カナ方言で書かれた彼の『量の力』の記述を通して問題の元の姿
をみていきましょう．

　数や幾何学についての問題と，なぞなぞや手品の解説とから
なっているこの『量の力』は，1500 年頃書かれましたが，未刊

[*1]　このあたりの有名な話は次に見える．ヨセフス『ユダヤ戦記』2（新見宏訳），
山本書店，1981, 158 頁（第 3 巻第 8 章 7）．

で写本が 1 点のみボローニャ大学に残されているだけです *2. 数学遊戯を扱ったものの中では本書は初期の部類に属し，しかも 2 色刷でとても綺麗に書き写され，とくに手品を扱った箇所にはしばしば欄外に図版や絵が描かれ，見ていても楽しくなる作品です．以下では 6 問のなかの最初の問題の概要を紹介していきます *3.

パチョーリによる「ヨセフスの問題」

56 章．ユダヤ人たちとキリスト教徒たちについて，そして様々な方法や規則で彼らの数をあなたの望みどおりにする方法．

　実戦と娯楽において数の力 *4 の知識をもつことがいかに有益であるかを証明するもう一つのことは，航海に出たときしばしば遭遇するように，必ずしもすべてを失わず，材木などや人々を運悪く放棄せねばならないときである．ここでは物質的なことは忘れよう．というのも，それらについては相当する値打ちの貨幣で決めればよいからである．それにかわり人に関して考えてみよう．実際人は他の人よりもより多くの重さの宝石の価値があることなどないのだ．

---

*2 *De Viribus Quantitatis*, Codice 250 della Biblioteca Universitaria di Bologna. Web 上にもある．http://www.uriland.it/matematica/DeViribus/Pagine/index.html. また豪華なファクシミリ版も出版されている．Luca Pacioli, *De viribus quantitatis*, Furio Honsell, Giorgio T. Bagni (eds.), Petruzzi, 2009. 概要の紹介は T. W. D. S. Hirth, *Luca Pacioli and his 1500* Book de viribus quantitatis, Lisbon, 2015.（http://repositorio.ul.pt/bitstream/10451/18435/1/ulfc113829_tm_Tiago_Hirth.pdf）.

*3 Pacioli, *op.cit.*, 99^r-102^r. パチョーリによる当時の文章を正確に訳出するのは困難なので，以下は概要である．

*4 テクストの表題はラテン語 *De viribus quantitatis*（量の力）だが，ここでは数を扱っているので，イタリア語で forza de numeri（数の力）と書かれている．

　ところで私がヴェネツィアのジュディッカ*5 の高名なるア
ントニオ・ロンピアシ様*6 に奉公しているとき何度も遭遇し
たように，あなたは危機に遭遇したとき船長が言うこと以外
にはなんら聞く耳をもたない．船長が言うには，「皆よ，我々
を神に委ねよう．船はもはやこれ以上は受け付けないからだ．
もし何人かがここから飛び降りなければ，我々は皆溺れてし
まうであろう．皆が死ぬよりは幾人かが死ぬほうがましでは
あるが，私は誰にもそれを強要したくはない．なぜなら海上
では皆が神を恐れるので，力ずくで強要することはない」と．
「航海する者は，深淵の中に神の御業とその奇蹟のわざを見
る」という，ダヴィデの詩篇の一節があるのだ．こうして彼
らはくじ引きを採用することにした．藁を数え，それを引き
ぬいて，最初に海中に落とされるべきは誰なのかを決定する．

　さて嵐のさなか航海中の船があり，船中にはたった 2 人
のキリスト教徒商人と 30 人のユダヤ人がいた．彼らは，円
周の 9 番目の位置にいる者を海中に放り投げることを取り決
めた．こうして互いに隣り合わせに立っている 2 人のキリス
ト教徒は，各々神に自らを委ね，彼らのうちの一人は左右
のうち常に同じ方向に 1, 2, 3, 4, 5, 6, 7, 8, 9 と数え始め
た．9 番目の位置にいる者が海中に放り投げられ，それはユ
ダヤ人であった．そして再び 1, 2, 3, 4, 5 等々と同じよう
に言いながら同方向に数えていくと，9 番目はもう一人のユ
ダヤ人であった．1, 2, 3, 4 と数え続けると，9 がもう一人
のユダヤ人のところに来た．そして最後まで続けると，9 は
30 人すべてのユダヤ人のところに来て，30 回とも 2 人のキ

---

*5　テクストは giuderia. ジュディッカはヴェネツィアの島の一つで，ゲットー
があった地区．

*6　テクストは rompiaci. ロンピアシはキリスト教徒と考えられている．パ
チョーリはロンピアシの 3 人の息子のチューターをしていた．

リスト教徒には来なかった．こうしてこの 2 人だけが船の中に残されることとなり，30 人すべてのユダヤ人たちは溺れたのである．キリスト教徒たちはどこから数え始めたかを問う．

　彼らは自分たちから 5 人離れたところから数え始め，自分自身の方向に進んだ．すると 9 は欄外の図のように，キリスト教徒の 2 人隣のユダヤ人のところに来る．ここでは黒〇はすべてユダヤ人で，2 つの赤〇はキリスト教徒である．×の付いた〇から始め，1, 2, 3 等と言いながら，赤〇の方向に進み，9 は最初キリスト教徒の 2 人隣のユダヤ人のところに来る．すなわち内側と外側に 2 つの点の付いた〇である．そして次にそれを通って〇を続き，1, 2, 3 等と言いながらユダヤ人を数えて，2 番目の 9 は斜線の入った〇に来る．こうして同方向に数えていくと，今しがた述べたように，9 はいつもユダヤ人の位置に来て，それは決してキリスト教徒には当たらない．以上はチェス盤上で駒を用いて自ら示すことができる．このゲームの基本となる数はチェスの駒数と同じ 32 であり，図によってあなたは順序よく正確に導かれるだろう．

　　ヨセフスの問題．手稿では欄外（100ʳ）に図があるが本文とは合致しない．ここでは本文の意を汲んで作図．ただしキリスト教徒は黒とした．

　差し迫った危機に際し，キリスト教徒がいかにしてこの計算を素早く行うことができるのかと尋ねるのなら，その答えは，我が贖い主の受難に際し，聖ペトロの剣について神学者たちの答えと同じであろう．すなわち，ペトロは剣を持っていなかったはずなのにマルコスの耳を切り落としたが，そのとき彼はなぜ剣を持っていたのか，という使徒たちの問に対する答えである．最後の晩餐でペトロはおそらく子羊の肉を切るために剣を手にしたのであると彼らは言う．というのも，その時の一度だけ彼は誰かに剣を請うてそれを手に入れたのだ，と言ってもよい[*7]．福音書の著者たちは必ずしもすべてについて書いたわけではなく，ただ必要なことのみを書いたのである．さて彼らが言うには，主は一度ならずとも彼らに予告したように，ユダヤ人たちの陰謀を知り，捕らえられるときが近いことを悟り，密かに備え，危険に立ち向かおうとした．こうしてこの話題では，格言「予期せぬことが生じたときにこそ習慣的行動が示される」，そしてことわざ「必要は良き兵士を生み出す」が言うように，算術と計算に慣れ親しんだキリスト教徒はただちに事を処するのである．

　ところで海路には多くの危険が伴うことをキリスト教徒は伝聞や経験から知っており，くじ引きによれば誰もが傷つかないことに気づいた．そこで，後に利用するため，出発間際に見知らぬ乗船者の数を調べ，あらかじめ準備を整えておく．「我々キリスト教徒はただ 2 人で，他方残り 30 人はユダヤ人である．くじを引いたとき，我々の誰もが選ばれないようにするにはいかにすればよいか」，と自問する．そして並んで立ったときどちらにも 9 が来ない方法を見出した．さらに 30 人のユダヤ人のときと同じように，1000 人にもし

[*7] この話は「ヨハネによる福音書」第 18 章に見える．

ようと思えば出来た.

　あなた自身これと同様にできるように，以下にその方法を示そう．未来を予測できれば悪魔が苦痛を引き起こすことは少なく，「幸福は他人の危険に思慮深くなる者にやって来る」のだから.

　彼は 30 人のユダヤ人に対し大きさと形の同じ貨幣や石 30 個を，2 人のキリスト教徒に対しては 2 個を取り出し，それらすべてを円形に並べた．円は伸ばして直線とも想定できるので，直線に並べることもできる．そして言われたように円に一旦並べ，9 ずつ数えることを提案し，無教養な人々が何事にかこつけてするかのごとく，好きなところから 1, 2, 3 と数えていき，それら 2 つが円周上に残るまで続け，30 回で終える．触れたものは除かれ，水中に落とされた．2 人は共に並ぶにしろ別々に離れるにしろ助かる場所を考えておいた．そして「神は禁じるものの，くじが引かれるなら，ある者はその場所に，またある者は他の場所にと，意図しているように見えないように円形に並べられ，9 ずつ数えられると，2 人のキリスト教徒が助かることになる」．さてこの場合，賢明さと理性を働かせ，彼らは互いに直接隣り合わせに立ち，彼らから 6 番目離れた者から数え始め，9 人ずつで止まるようにせねばならないことがわかる.

　同様に 7，6，8，12 ずつやその他好きな数を選ぶこともできる．そしておそらく他人と自分とを分け，7 ずつ数え，それをそっと頭に入れておき，6 の場合も 8 の場合も同様で，「9 ずつ数えるときには言われた場所から始めよう．8 ずつ進むときにはしかるべき場所にいなければならない」，等々と述べる．なぜなら彼は，9 や 8 や 7 ずつで 2 人が助かるのはどこかをすでに試していたからである.

　8 番目の人が海中に沈められる場合，2 人が残されるためには 2 人のキリスト教徒のうち 1 人は他から 11 番目にい

て，すなわち 2 人のキリスト教徒の間に 11 人のユダヤ人が
いればよい．キリスト教徒との間に当人を含め 5 つ目の場所
から，11 人の向きではなく，ユダヤ人の多い方，逆向きに数
えると，30 人のユダヤ人を海中に放り出すことになり，2 人
のキリスト教徒が残る．それはキリスト教徒は赤○，ユダヤ
人は 30 の黒○で記された欄外の列に見ることができる *8．そ
して点の付いた○から数え始め，ユダヤ人の数の多い方向に
8 ずつ進めると，2 人のキリスト教徒が残って助かり，あと
は放り出される．

　同様に，7，6，13 人ずつのときも円形に並ばせ，言われた
ようにあなたは何人助けたいかを頭に入れておく．助けるべ
きキリスト教徒が 4 人のとき，またユダヤ人とキリスト教
徒が 100 人いて，そのうち 10 人がキリスト教徒のとき，あ
るいはそれよりも多いときも少ないときも同様である．いつ
もそれだけ数えると，4 人あるいは 10 人が残ることになる．
全体で何人か，数え始める場所，進む方向，円の中にどれ
だけキリスト教徒がいるかを考慮する．その数に応じて 9，
8，7，13 ずつのときも規則をつくることができ，多くのキリ
スト教徒，それより多くのユダヤ人に対しても同様である．

解説

　長々と引用しましたが，以上が問題 56 の概要です．「ヨセフ
スの問題」が扱われているのは『量の力』の第 1 部問題 56-60 で
す．ここでキリスト教徒を a 人，ユダヤ人を b 人，n 人ずつ数
えるとき，(a,b,n) で表すと，次のようになります．

---

*8　ただし欄外に図はない．この場合，始点から 17 番目と 28 番目とにキリス
ト教徒が立つことになる．

問 56 :（2, 30, 9）（上記訳）.
問 57 :（2, 18, 7）.
問 58 :（2, 30, 7）.
問 59 :（15, 15, 9）. 記憶法の紹介
問 60 : 別の記憶法の紹介

59 問では, Quarter, quinque, duo, unus, tres, unus, et unus bis, duo, ter, unus, duo, duobus, unus と記憶法が紹介され, これはラテン語数詞の羅列にすぎず 4, 5, 2, 1, 3, 1, 1, 2, 2, 3, 1, 2, 2, 1 を示します. つまり始点から数えて, 最初の 4 人はキリスト教徒, 次の 5 人はユダヤ人, そして次の 2 人はキリスト教徒というふうにです.

60 問ではより暗記しやすく, Populea irga mater regina reserra（母なる王女はポプラの若枝を植えかえる）という文章があげられています[*9]. ここでは母音 a,e,i,o,u はそれぞれ 1, 2, 3, 4, 5 を示し, この文に見られる母音を順に数字にかえて並べていくと, 4, 5, 2, 1, 3, 1, 1, 2, 2, 3, 1, 2, 2, 1 となり, 59 問と同じ数列となります.

58 問は「キリスト教徒は良き商人であり, 彼らの中には良き計算家がいる」と述べており, 当時商業が盛んであったことが, さらに商人には計算に長けた者がいたことが推測されます. 59 問では「下の円の欄外で, c はキリスト教徒を, a はアダムすなわちユダヤ人を示す」とありますが, 欄外には図版は見えません.

[*9] マルティノ・マウリティウスの『ユダヤの古い分配についての文献学論考』（1692）では少し異なるラテン語文（Populeam virgam mater Regina tenebat）を紹介している. Martino Mauritius, *Tractatus philologicus de sortitione veterum Hebraeorum*…, Basileae, 1692, p.226. 母音と数とを対応させて暗唱しやすく文を作ることは中世にはまだなかったので, 中世ではたとえば, 2, 1, 3, 5 を示すには, ＋＋■ ＋＋＋■■■■などと記述した. Eldredge, L.M., Schmidt, K. A. R. and Smith, M.B., "Four Medieval Manuscripts with Mathematical Games", *Medium Aevum* 68（2）, 1999, pp.209-17.

　パチョーリをはじめ多くのテクストはこの問題の数学的解法を説明していません．むしろどのようにしたらうまくいくかを経験的に調べ，それを暗記する方法を紹介しています．そこでは多くの記憶パターンがあり，たとえば 9 人ずつの場合は次で，母音はそれぞれ先にあげた数に対応します．

　英語：From numbers' aid, and art, never will fame depart.

　仏語：Mort, tu ne falliras pas en me livrant le tréspas.

　独語：Gott schlug den Mann in Amalek, den Israel bezwang.

記憶法ではタルターリャが最も詳しく述べており，3 人ずつから 12 人ずつまでの記憶法を載せています．

> Per 9　O puella irata es ferida effecta.
> 　　　　Ouero per quefti
> per 9　Documenta eft decima perfecta
> per 9　O brunetta rizza ale ferita Elena.
> 　　　　Ouero per quefto
> per 9　Populea virga fratres regina referuat.
> 　　　　Comincia anchora alle bianche,& va numerando per 10.

タルターリャによる 9 人ずつの記憶法．[10]

　この問題を西洋で厳密に数学的に論じたのは 19 世紀末の数学者ピーター・ガスリー・テイト（1898）で[11]，それ以降，今日に至るまでヨセフスの問題の一般化は数学者の格好の研究対象となっています．

---

[10]　Tartaglia, *La prima parte del general trattato di numeri et misure* I,Venezia, 1556, 265^v.

[11]　P.G.Tait, "On the Generalization of Josephus' problem", *Proceedings of the Royal Society of Edinburgh* 29（1898），165-68. なおそれ以前にオイラーも論じている．

さまざまな「ヨセフスの問題」

　他の数学テクストでは，パチョーリの長い説明とは異なり，登
場するのは必ずしもキリスト教徒とユダヤ人ではありません．他
にどのような数学者が，どのような人々を登場させているのかを
紹介しましょう．この種の数学遊戯の歴史を見るにはトロプケ，
スミス，アーレンス，平山などの書物が参考になります[12]．また
ロンドン在住の数学遊戯研究家シングマスター氏の Web 上に掲
載された数学遊戯の詳細な文献リストもあります[13]．

　ヨセフスの問題を論じた数学者の一部を年代順に記すと次の
ようになります．なお，C＝キリスト教徒，Y＝ユダヤ人，T＝
トルコ人，末尾の数字は何人おきかを示します[14]．

1150 頃　アブラハム・イブン・エズラ（1546 年出版）
　　　　　　　　　　　（学生 15 人と怠け者 15 人）9
15 世紀　ピエル・マリア・カランドリ（C＝15 人，Y＝15 人）
1465 頃　ベネデット・ダ・フィレンツェ
　　　　　　　　　　　　（C＝15 人，Y＝15 人）9
1484 頃　シュケ　　　　　　　（C＝15 人，Y＝15 人）9
1485 頃　カランドリ（フランチェスコ会修道士 15 人とカマル
　　　　　　　　　　　　　　ドリ会修道士 15 人）9
1500 頃　パチョーリ　　　　　（C＝15 人，Y＝15 人）7, 9
1539　　カルダーノ　　　　　　　　（黒い服と白い服）

---

[12] J.Tropfke, *Geschichte der Elementar-Mathematik* I, Berlin, 1902 (rep: 1980); D.E. Smith, *History of Mathematics* I, New York, 1958; W.Ahrens, *Mathematische Unterhaltungen und Spiele*, Leipzig,1901; 平山諦『東西数学物語』，恒星社，1956.

[13] D.Singmaster, http://www.puzzlemuseum.com/singma/singma-index.htm.

[14] 後で述べる和算では，並べる人数を総数，何人おきかを示す数を脱数と呼ぶ.

1556	タルターリャ	（C と T，黒と白）
1559	ブテオ	（C＝15 人，Y＝15 人）10
1612	バシェ	（C＝15 人，T＝15 人）
1624	エッテン	（C＝15 人，T＝15 人）9
1678	ヴィンゲイト	（C＝15 人，T＝15 人）
1725	オザナム	（C＝15 人，T＝15 人）9

ブテオの図版. △からはじめて左回りに10人ずつ消していくと
白○だけが残る.（出典：Buteo, *Logistica*, Veneto, 1559, p.304）

　上記のリストを見ると，当初はキリスト教徒とユダヤ人が登
場し，中世西洋キリスト教世界ではユダヤ人が差別されていた
ことがよく分かります．とはいうものの数学テクストですので，
当時のキリスト教世界の一般的雰囲気を伝えただけのものかも
しれません．16 世紀になるとオスマン帝国のウィーン包囲頃か
らでしょうか，トルコの驚異がキリスト教徒の間には現実問題
として映ったのでしょう．ユダヤ人に代わってトルコ人が登場
するようになります.*15

---

*15　さらに，17 世紀アムステルダムのイベリア半島からのディアスポラは，ア
ブラハム・イブン・エズラの書をもとに，そこではユダヤ人とフランドル人と
に変更していることは興味深い．他にポルトガルとムーア人（セイロン版），泥
棒とヒンドゥー教徒（インド版）などの変容もある．Singmaster, *op.cit.*.

ヨセフスの問題の起源は明らかではありません．アイルランド起源，スラブ起源を唱える者もいます．しかしフランスのバシェやオザナム以前にはパチョーリ，タルターリャなどイタリアで多く論ぜられ，しかも彼らの扱う問題の起源の多くはさらに中世イタリアの算法学派のものですので，西洋ではキリスト教下の地中海地方で最初に論じられたとするのがよいのではないでしょうか[*16]．算法学派が扱う問題の起源の大半はアラビアにありますので，アラビア数学で論じられた可能性があり，それを見ておきます．

アラビアのヨセフスの問題，そして日本

アラビアにおける知られている最古のヨセフスの問題の登場は，1694 年にトーマス・ハイド (1636〜1703) がラテン語の『東洋の遊戯』で紹介したサラーフッディーン・サファディー（1353 没）の記述です．ハイドの紹介によると，そこではムスリムとキリスト教徒が登場し，以下のような図が添えられています．円の上部と内部には「ムスリムとキリスト教徒の円」，下方の手のところには「円のはじめ，4 つの白，5 つの黒，以下」と書かれ，ここから始めて左回りに 4, 5, …と続きます．

[*16]　言及したものの中ではユダヤ人の学者アブラハム・イブン・エズラが初期に属し，それは『タフブーラ』(1546) に収録され，15 人の学生と 15 人のぐうたらが登場するという．Moritz Steinschneider, *Mthematik bei den Juden*, Hildesheim, 1964, p.88.

サファディーによるヨセフスの問題の図版 [17]

　ここで興味深いのは並べ方の記憶法が書かれていることです．アラビア文字をローマ字にしておきますと，dahabā jā ababajā babā です．これらはアルファベットで数を示したジュンマル数表記で，da ＝ 4，ha＝5，b+ā＝2 と 1，j+ā＝3 と 1，…です．
　また他では次のような別の暗記法も紹介されています [18]．

الله   يقضي بكل يسر ويرزق الضيف حيث كان

Allāh yaqḍī bi-kulli yusr wa-yarzuq al-ḍayf ḥaythu kāna
（神はすべての運を決め，どこにいても招待客を養う）

　アラビア語文字には上下に点が付くのがありますが，ここでは，الله（アッラー）は点なしの 4 文字，次に يقضي بكل は 2 単語ですが，前（＝右）から見ていくと，点ありが 5 文字続き，点なしが 2 文字…となり，したがって 4，5，2…です．
　14 世紀のサファディー以降，アラビアではヨセフスの問題が取り上げられ続けますが，14 世紀以前の記述は現在のところ見

---

*17　Thomas Hyde, *Mandragorias, seu Historia shahiludii* …: *De ludis Orientalium libri primi* …, Oxford, 1694. ページは (e 2) と記載．正式のタイトルは『マンドラゴラつまり王の遊戯の歴史，…東洋の遊戯について』．

*18　Pierre Ageron et Gérard Hamon, "Le jeu des quinze croyants et des quinze infidèles : variations sur la violence", *Mathématiques récréatives. Éclairages historiques et épistémologiques*, 2019, pp.19-45.

つかっていません．すると 12 世紀のユダヤの記述が先と言うことになりますが，先行問題に関しては今後の研究を期待したいところです．

　ところでヨセフスの問題と似た問題は日本でも馴染みのある問題です．和算では「継子立て」と呼ばれ『塵劫記』5 巻本（1628）以降の和算書でしばしば見かける問題ですが，そこでは先に取り上げた記憶法は思いつかなかったようです．西洋に先んじこの問題を関孝和が算脱之法として数学的に論じたことはよく知られています．洋の東西では同様に，しばしば 15 人の 2 組が問題となっていること，日本ではチェスではないが将棋の駒や墓石が用いられている場合があるなど（村松茂清『算俎』，1663 [19]），継子立てとヨセフスの問題の相互関係が気になるところです．

ル・ヴァロアによる「継子立て」の復元図

---

[19]　『算俎』巻 3 では「落書」として詳しい説明はなく，「塵劫記ニ継子立ト云」と書かれ図が描かれているだけである．そこにはさらに他には見られない「加留多十落」の記述がある．そこでは円ではなく二, 三, 四, 五, 六, 七, 八, 九, 十, 虫, 腰, 馬（12 種各 4 枚で計 48 枚）のカルタが 12×4 の長方形に並べられ，10 番目のカルタを落としていくと，最初は虫が 4 枚，次に二が 4 枚と，次々落とされていく．これを十落と言う．このカルタはポルトガルからもたらされたとされる「うんすんカルタ」つまり南蛮カルタである．この箇所は「うんすんカルタ」についての最も古い言及の一つとして歴史的に重要である．藤原松三郎「算俎と『うんすんかるた』其他」，『科学史研究』第 9 号，昭和 20 年，65-68 頁．

　上記の図版は 1873 年にパリで国際東洋学者会議の報告で紹介
された「ままこだて」の復元図版です．著者ル・ヴァロアは松岡
良助『算学稽古大全』(1808) の該当箇所を "Problème des beaux-
fils"（継子問題）と仏訳し，図版を復元しています．19 世紀後半
にすでに和算が西洋で丁寧に紹介されているのは驚きです [20].

　西洋と日本の数学問題の関係性で言えば，他に『塵劫記』に見
える「ひにひの一倍の事」が挙げられます．「ぜにを一文ひにひ
に一ばいにして，三十日にはなに程にぞ成ぞという」という問題
です．これはよく知られたインドの「チェス盤の倍問題」と類似
性があります．この話は知られている限り 9 世のイスラーム世界
の歴史家・地理学者ヤアクービーによる『歴史』での記述が最初
で，そこにはチェスの発明家に褒美としてチェス盤の枡目にそっ
て倍々にした数だけ小麦の粒を与える話がでてきます [21]．さらに
インドでは，著名な学者で数学にも詳しいビールーニーが『イン
ド誌』でこの問題を詳細に扱っています [22]．ただし以上の「ヨセ
フスの問題」と「チェス盤の倍問題」に関しては，西洋と日本と
をつなぐことを示す資料は現在のところ何も見つかっていない
し，また中国にもないようです．伝承の過程で幾分変容を遂げ
ていったようですが，そこには連続性があると想像できるのでは
ないでしょうか．数学の遊戯問題を比較していくと面白いことが
発見できそうです．

[20]　Le Vallois, "Les Sciences exactes chez les Japonais", *Congrès International des Orientalists : Compte-rendu de la première session*, Paris, 1873, pp.289-99. 図版は p.295 と p.296.

[21]　Matthew S.Gordon *et.al* (eds.), The Works of Ibn *Wādiḥ al-Ya'qūbī* II, Leiden/Boston, 2018, pp.356-7.

[22]　Kegan, Paul (ed.), *Alberuni's India* II, trans. by E.C.Sachau, London, 1910.

第6章

タルターリャ学復興

── 3次方程式の代数的解法をめぐって

　　タルターリャといえば，数学史上カルダーノとの3次方程式の代数的解法をめぐる優先権問題でよく知られています．タルターリャが解法を発見し，それを本人が公表する前には発表しないと堅い約束のもとにようやくカルダーノは解法をタルターリャから教えてもらったが，彼はその約束を反故にして『アルス・マグナ』で発表し，両者の間に激しい論争が生じたというものです．この論争自体の結果は，どちらかというとカルダーノに分があるようで，今日3次方程式の代数的解法は「カルダーノの公式」と呼ばれています．タルターリャの秘密主義，その解法は完全ではなかったのではという疑問，そこに証明はなかったなどと言われることがあります．しかし詳細は述べませんが以上については再検討が必要です．一方で，この優先権論争自体はとりたてて述べるべきほどのものではないと言われることもあります．たしかに「数学的」にはさほど興味深いものではありませんが，「数学史的」に見ると発見をめぐる優先権問題という歴史上重要な事例を示してくれる特異な事件なのです．

　　ところでこの論争についての記述の多くはその出典がはっき

りとは示されていないようです．今回はこの論争の記述をタル
ターリャの側からみておくことにしましょう，

タルターリャとは

　タルターリャとはあだ名で，北イタリアの都市ブレーシャの
貧しい家庭に生まれたルネサンス期の数理科学者です．生年は
1499 年もしくは 1500 年ではっきりしていませんが，遺書を残
しており，そこに添えられた文章から，亡くなったのは 1557 年
12 月 13 日から 14 日にかけての深夜とされています（他の資料
では 10 日）．タルターリャ（Tartaglia）というイタリア語は吃音
する（tartagliare）を意味します．幼少の頃についても触れた自
著『様々な問題と発見』第 6 巻によると，1512 年フランス軍が
ブレーシャに攻め入り住民 45000 人を大虐殺したとき，兵士か
ら受けた傷で吃音となったとのこと．その後自虐的にニコロ・
タルタレア（Nicolo Tartalea）と名乗ることが多いようです[1]．

---

[1]　タルターリャ自身は Nicollò ではなく Nicolo と綴っている．当時は姓が用
いられることはなかったので，ラテン語では Nicolas Brixiensis (ブレーシャの
ニコラス) と呼ばれた．

タルターリャの 45 歳頃の肖像画

タルターリャ『様々な問題と発見』(1546) 表紙より．異版では肖像の
配列は微妙に異なり，またこの肖像は他の作品にも転用されている．

　上の肖像画の下方には，「発明は難しいが，付け加えるのは簡単
だ」とあり，タルターリャが独創性を強調していたことがわかり
ます．左手に持つのは字消しナイフでしょうか（ナイフではなく
コンパスを持った図版もある）．この時期のタルターリャは経済
的に困っていなかったのか，豪奢な毛皮を身につけ，指には指輪
をはめています．

　タルターリャは数学史では上記 3 次方程式の件で有名ですが，
科学史上では静力学の議論で重要です．いま彼の作品を簡単に
述べておきましょう．

- 『新科学』3 巻 (1537, 50, 58, 83)：タルターリャの作品
  の中では最もよく知られたもので，当時の軍事問題を扱い，
  なかでも弾道の軌跡の記述は，今日から見ると間違いであ
  るものの，この問題を学問の主題にしたことで重要です．

『新科学』の砲弾の射角の測定図

- エウクレイデス『原論』イタリア語訳 (1543, 65, 69, 85)：最初の俗語訳『原論』を出版しました．ここでは著者が数理科学者のエウクレイデスではなく，哲学者のメガラのエウクレイデス（前 325 頃～前 265 頃）とされ，古くからの誤った記述が継承されています．
- 『アルキメデス全集』(1543)：中世のメールベクのヴィレムがラテン語訳したアルキメデスの作品を出版し，重心について，円の計測，浮体論第 1 巻のみを含んでいます．
- 『悲惨な発見』(1551)：アルキメデスによる浮体論，つまり水中に沈められた物体についてに端を発するタルターリャの議論で，とりわけ難破した船の浮上問題を扱っています．そこには次のような興味深い図版が見えます．

Decbieratione prima.

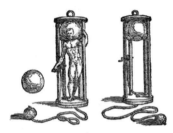

Decbieratione quarta.

『悲惨な発見』に見える難破船と潜水服

- 『数と計測の一般論』(1555~1560)：204 問からなる 6 巻で，幾何学なども含んだタルターリャの数学の集大成となるはずでしたが，4 巻以降は死後出版となり，最後は 2 次方程式の議論までしか含むことはできなかったのは残念です．内容は初等的で，算法教師をしていたときの内容をまとめたものと考えられます [*2]．
- 『様々な問題と発見』(1546, 54)：対話形式からなる力学，数学の問題と解答．この作品の中で 3 次方程式について述べていますので，次節で詳しく見ていきます．
- 『数学的挑戦状』(1547~48)：3 次方程式をめぐるフェラー

[*2]　膨大な内容で，その一部が次に紹介されている．E.Nenci, *Niccolò Tartaglia Quantità, unità, numero selezione del general trattato di numeri*, Milano, 2011.

リとの挑戦状と応答集.

　他に『一般規則』(1551)，『計算』(1551) などもあり，没後には次が出版されています.

- 『アルキメデス浮体論』(1565).
- 『ヨルダヌス・ネモラリウス小品』(1565).
- 『算術全著作』(1592~93).
- 『一般規則と付加と計算』(1562).
- 『いと著名なるニコロ・タルターリャの作品』(1606).

　タルターリャの作品はまだあり．その出版は異版も多く，かなり複雑で，今後さらに調査が必要です[*3]．とはいえ多くの出版物があることから，彼の作品は当時イタリアで大変好評であったことがわかります.

タルターリャ学

　タルターリャ学すなわちタルターリャに関する歴史研究は，従来イタリア国内でのイタリア語によるものに限られていました．その理由の一つはタルターリャのイタリア語スタイルです．彼は幼いころ教育環境には恵まれなかったので，きちんとした文章は書けません．またイタリアが誕生したのが 1861 年ですから，16 世紀当時「イタリア語」は存在せず，ブレーシャ方言あるいはロンバルディア方言で執筆され，さらに当時ミラノはスペインの支配下にあったのでスペイン語的表現も混じっているとされているので[*4]，イタリアの方言に詳しくないと理解しづら

[*3]　タルターリャに関する文献は次が詳しい．Giovanni Battista Gabrieli, *Nicolò Tartaglia : Invenzioni, disfide e sfortune*, Università degli studi di Siena,1986.

[*4]　今日，生誕地のブレーシャもミラノもロンバルディア州に属する.

いところがありました．とにかく近づきがたい文章なのです．数
学者の伝記である『数学者たちの年代記』を書いたバルディは，タ
ルターリャの言語を評して，「彼は言語の質にはほとんど無関心で，
読者の顔に笑いを引き起こした」とさえ述べ嘲笑しています[5]．今
日ではタルターリャの言語表現に関する研究もあります[6]．タル
ターリャは高等教育を受けておらず，バルディの評価はたしか
に一部正鵠を得てはいます．ただし，当時「新しい科学」を記述
するイタリア語がまだ精錬されていなかったこと，他方で対話
体を用い読者に親しみやすくしていること，年齢経過とともに
言語表現が変化しわかりやすくなっていることなどが指摘され
ています．

　そのために研究はイタリア国内を出ることはあまりありません
でした．もっとも重要な研究者はミラノの数学史家アルナルド・
マゾッティ（1902~89）で，かなりの情熱を込めた多くの研究を
残しています．なかでも次は，『様々な問題と発見』(1554) の復
刻と解説，そして 16 頁にわたる語彙集が含まれています[7]．

- A. Masotti, *Niccolò Tartaglia : Quesiti et inventioni diverse*,
  Brescia, 1959.

タルターリャ学が困難なのは，当時の出版物は印刷中に作者
や印刷者が原稿などに次々と手を入れていき，同年，同印刷所

---

[5]　B.Baldi, *La Cronica dei Matematici*, 1707, p.133. バルディに関しては次の拙
文を参照．「2 つの数学者人名事典」，『現代数学』2016 年 8 月号，70-75 頁．
拙著『文明のなかの数学』第 4 章に収録．

[6]　Mario Piotti, *La lingua di Niccolò Tartaglia : la Nova scientia e i Quesiti et
inventioni diverse*, Milano, 1998.

[7]　タルターリャ没後 400 年記念集会でマゾッティは，「タルターリャ全集」
(Tartalea corpus) 出版の必要性を述べた．彼の目的は当時実現されなかったが，
その後タルターリャの著作は個別に徐々に復刻されている．ブレーシャのカト
リック大学で 3 枚の CD に収められた全集が出たようである（未見）．

から出版された同一版とされる著作でも記述内容が微妙に異な
ることです．もちろん版が異なれば相当の変更が確認できます．
またタルターリャは同じ事柄を別の作品で異なる形で述べている
ことも混乱を引き起こす原因です．

　ところがようやく没後 450 年の 2007 年ころからタルター
リャ学の研究が盛んになってきました．『様々な問題と発見』の
現代語訳に関していえば，7, 8 巻の英訳と，9 巻の仏訳があり，
イタリア語方言に馴染みないものでもその作品内容の一部に近
づけるようになりました[*8]．

- Pisano, Raffaele, Capecchi, Danilo, *Tartaglia's Science of Weights and Mechanics in the Sixteenth Century: Selections from* Quesiti et inventioni diverse: *Books VII–VIII*, Dortrecht, 2016．

- Gérard Hamon et Lucette Degryse, *Niccolò Tartaglia, Questions et inventions diverses. Livre IX ou l'invention de la résolution des équations du troisième degré*, Paris, 2010．

　ここで問題とする『様々な問題と発見』全 9 巻は，『新科学』の
内容の一部を継承し，おおよそ次のような内容です．

I	30 問	砲弾の射撃
II	12 問	砲弾の大きさ
III	10 問	火薬
IV	13 問	火器と隊列
V	7 問	測量

[*8] なお巻（あるいは書, libro）とは言うものの，今日から見れば章と考えれ
ばよい．

VI　　　8問　築城

VII　　　7問　平衡

VIII　　42問　重心

IX　　　42問　数学

　第9巻のみが数学を扱い，1521~41年の間に28人の人物が提示した問題が対話形式で示されています．問題は算術，代数，幾何学，換算についてで，程度は高低様々で，それぞれ独立して記述されています．とりわけ代数が中心で，第9章冒頭は「アルジェブラとアルムカバラの理論的実践，一般的に言うところの"モノ（cosa）の規則"あるいは"大いなる術"」，つまり「モノと立方とが数に等しい項，そして他の派生し関係する項，そして同様に財（censt）と立方とが数に等しい項，そして学者たちが不可能と判断した項を発見する最高の術」と述べています．ここで「モノ」「財」とはアラビア数学以来の伝統的表示法で，それぞれ1次，2次の未知数を示します．ここでは $cx+x^3=d$ と $bx^2+x^3=d$ とが問題となっています．

　3次方程式についての議論は問題34に含まれていますので，次にその箇所を仏訳を参考に翻訳しておきます．ヒエロニモ氏（テクストではM.H）つまりカルダーノと，ニコロ（N）つまりタルターリャとの対話形式で話は進められます[*9].

『様々な問題と発見』第9巻問題34の翻訳

　1539年3月25日，ヒエロニモ・カルダーノ殿下自身により自宅で個人的に提示された問題34.

[*9]　Masotti, *op. cit.*, 120^V-121^V; Hamon et Degyrse, *op. cit.*, 119-22.（以下の訳文では，括弧（ ）は原文のままで，角括弧 ［ ］は訳者が補ったもの.）

ヒエロニモ氏：ここにお越しくださり大変嬉しく思います.
［ヴァスト］侯爵閣下はすでに馬でヴィジェヴァーノに向かわれ
ました. こうして侯爵閣下がお戻りになるまで, 我々はこの
機会を利用して事態をともに話し合うことにしましょう. と
はいうものの, 私は貴方に強くお願いしましたが,「モノと立
方とが数に等しい」［$x+ax^3=d$］という型の代数方程式の解法
について貴方が発見された規則を, 私に教えてくださらない
ので, 貴方は不親切といったらこのうえもありません.

ニコロ：私が出し惜しみしたのは, その規則は方程式の単な
る解法ではなく, またそれによって見出される事柄でもなく,
それによって今後様々な知識を見出すことができるからなの
です. というのも, それは他の型の代数方程式の解法を無数
探求できてしまう方法を明らかにする鍵だからなのです, と
私は貴殿に言いました. もし目下私がエウクレイデスのイタ
リア語訳に忙殺されていないのなら（現在のところ 13 巻ま
で翻訳し終わりました）, 私は他の多くの代数方程式の一般
的解法をすでに見出していたかもしれません. しかし新しい
「代数学」を含む実践的作品を執筆するのは, すでに着手した
エウクレイデスの仕事を終えてからにするつもりでいます[*10].
その作品では, これら新しい形の代数方程式の解法の発見
だけではなく, 見出したい他の多くのこともすべて世に向け
て発表することにしています. 他の多くのことを見出すため
の規則も示したいのです. 思うに, これは有益で興味深いも
のとなるでしょう. そういうわけで私は皆に拒否したのです
し,（すでに述べたように, エウクレイデスで多忙であったた
め）今まで私は他人のことは考えず, これを説明してしまえ
ば（見出されたものに容易に付け加えることができる）他の解

[*10]　エウクレイデス『原論』（全 15 巻）伊訳は 1543 年に出版されたが,「新し
い代数学」は完成を見なかった.

法を見出すことができてしまうので，発見者としてそれを公表してしまうことのできる（貴殿のような）専門家には教えなかったのです．教えてしまうと，私は計画すべてを台無しにしてしまうかもしれないのです．そういうわけで私は貴殿に不親切に振る舞ったのです．［貴殿は］同じような主題について著作しておられるだけにいっそう，さらにこれらの発見を発見者が私［ニコロ］であるとして私の名前で公表したいと書いてよこしておられるからいっそうのことなのです．これは私の発見ですから私は全く不愉快です．私は自分の作品の中でそれらを発表することを望むのであり，他人の作品の中ではありません．

ヒエロニモ氏：しかし，私が発表することを貴方が望まないなら，私はそれらを秘密にしておくということも私は貴方に書き伝えました．

ニコロ：この件では私はあなたをまったく信用していません．

ヒエロニモ氏：私は真の紳士として，またキリストの教えにかけてあなたに誓います．貴方の発見を教えてくださったなら，さらに真のキリスト教徒として約束します．私は決して公表しないばかりか，私の死後誰も理解できないようある種の暗号でそれらを記しておくことを．もしそれでも貴方が私を信用したくないのなら，私を信用しなくて結構です．そうであれば私を無視してください．

ニコロ：［貴殿の今のような］宣誓を信じないなら，私は信用のおけない人物のように見なされてしまいそうです．私は侯爵閣下に会うためヴェジェヴァーノに出かけることに決めました．というのも，私はすでに3日もここにとどまり，待ちくたびれてしまったからです．戻ったときすべてを示すことを約束します．

ヒエロニモ氏：貴方は何をおいても侯爵のおられるヴェジェヴァーノまで馬で行くことにお決めになったようなので，貴

方が誰なのかわかるように侯爵にお渡しする手紙を私は貴方に委ねましょう．しかしお約束されましたように，出発の前に代数方程式の様々な解法を私に教えてほしいのです．

ニコロ：承知しました．しかし，この演算法をいつでもすぐに思い出せるように，解法を韻文で示しておくということをご承知おきください．なぜなら，もし私がこの予防策を取らなければ，それは記憶から失せてしまうこともあるからです．この表現法が非常にうまく出来たなどとは思いません．というのも，この方法を私が望むときはいつも思い出すのに役立つのであればそれで十分だからです．この代数方程式の解法を極秘にするため，私は書き記すことはしません．ではこの発見を満足いくよう正確に貴殿にお教えしましょう．

　　立法とモノとが合わさって
　　　　ある離散数に等しくなるとき
　　　　これだけの差を持つ他の二つを見つけよ．
　　次いで汝は次のことに常に従うがよい．
　　　　その積は常に
　　　　モノの三分の一の立方に等しいことに．
　　そしてそれらの立方根が引かれた
　　　　その残りが一般的に
　　　　汝の元のモノになるであろう．

　　これらの第二番目の
　　　　立方だけが残るとき
　　　　次の他の規則に汝は従うがよい．
　　その数を二つにに分けるがよい．
　　　　すると一方と他方の積は明らかに
　　　　モノの三分の一の立方きっかりとなる．
　　次いで通常の仕方に従いこれらのうちの
　　　　立方根を取り，相互に合わせるがよい．
　　　　そうすればこの和が汝の値となろう．

次いでこれら我々の第三の計算は
　正しく吟味するなら第二の計算で解ける.
　本質的にそれらはほとんど一緒である.
以上を私はつぶさに見いだした.
　一五三四年に
　強固で創意に満ちた基礎をもって
海に囲まれた都市［ヴェネツィア］の中で.

解法は非常に明白なので, 例をあげなくても貴殿は完全に理解することができると私は信じます.

ヒエロニモ氏：どのようにしてそれを理解すればよいのでしょうか？　今までのところほぼ了解いたしました. さあ出発してください. 貴方が戻ってきたとき, 私が理解できているかどうか貴方はおわかりになるでしょう.

ニコロ：今, 貴殿はこの誓約を破棄しないように忘れずにいてください. もし不幸にして約束を破るようなことがあったのなら, つまりこの代数方程式の解法を現在印刷中の作品にしろ, あるいは他の方法にしろ公表しようものなら, またもし発見者を私として私の名前で公表するのなら, 私は貴殿に不愉快なことを直ちに印刷することにします.

ヒエロニモ氏：疑わないでください. 私は貴方にそうしないこと［公表しないこと］を約束したのですから. このことについては信頼してください. 私が書いてさしあげたこの手紙を侯爵閣下にお渡しください.

ニコロ：ではお暇することにしましょう.

ヒエロニモ氏：幸運を祈ります.

ニコロ：ただし私はと言えば, ヴィジェヴァーノには行きたくはなく, ヴェネツィアに向けて家路に就きたいのです. どうにかなるでしょう.

解説

　当時ヴェネツィアに住んでいたタルターリャは，後ろ盾となるヴァスト侯爵アルフォンソ・ダヴァロス[*11]（1502~44）をカルダーノから紹介してもらうことを期待して，カルダーノの自宅のあるミラノに向かいました．以上はそこでの会話です．最終的にタルターリャは，決して公表はしないとの約束でカルダーノに 3 次方程式の代数的解法を教えることになったのです．この解法はタルターリャがすでにヴェネツィアにいた 1534 年に見出していたものです．ところがヴァスト侯爵はミラノから近郊のヴィジェヴァーノに向けてすでに出発してしまい，タルターリャは謁見することが出来ず，期待が裏切られたのです．

　ただし以上のタルターリャによる記述すべてが真実であるとの確証はありません．実際，カルダーノの弟子フェラーリはその場に同席していましたが，カルダーノは誓約などはしていないと後に主張しています[*12]．

[*11]　ミラノの宮廷にいたロンバルディア地方のスペイン統治者で，学問の支持者として著名な有力者．ヴァストとはナポリにある地名．

[*12]　この後の論争については次を参照．ハル・ヘルマン『数学　10 大論争』（三宅克哉訳），紀伊国屋書店，2009．さらに詳しくは，Ateneo di Brescia, *Cartelli di sfida matematica*, Brescia, 1974 ; R. Acampora, *Die "Cartelli di matematica disfida" : der Streit zwischen Nicolò Tartaglia und Ludovico Ferrari*, München, 2000. なおここで sfida は（両者間の）契約，disfida は（数学上の）決闘の意味.

Quando chel cubo con le cofe appreffo
   Se agguaglia à qualche numero difcreto
   Trouan dui altri differenti in effo.
Dapoi terrai quefto per confueto
   Che'l lor produtto fempre fia eguale
   Al terzo cubo delle cofe neto,
El refiduo poi fuo generale
   Delli lor lati cubi ben fottratti
   Varra la tua cofa principale.
In el fecondo de cotefti atti
   Quando che'l cubo reftaffe lui folo
   Tu offeruarai queft' altri contratti,
Del numer farai due tal part'à uolo
   Che l'una in l'altra fi produca fchietto
   El terzo cubo delle cofe in ftolo
Delle qual poi, per commun precetto
   Torrai li lati cubi infieme gionti
   Et cotal fomma farà il tuo concetto.
El terzo poi de quefti noftri conti
   Se folue col fecondo fe ben guardi
   Che per natura fon quafi congionti.
Quefti trouai, & non con paffi tardi
   Nel mille cinquecentè, quatroe trenta
   Con fondamenti ben fald'è gagliardi
Nella citta dal mar' intorno centà,

3 次方程式解法の韻文

　ところで翻訳で示した詩の内容は次の方程式の解法です．こ
こで c, d は正です．

(1)：1-9 行　$x^3 + cx = d$.
　　$u - v = d$ とおくと，$uv = (c/3)^3$.
　　よって $x = \sqrt[3]{u} - \sqrt[3]{v}$.

(2) 10-18 行：　$x^3 = cx + d$.
　　$u + v = d$ とおくと，$uv = (c/3)^3$.
　　よって $x = \sqrt[3]{u} + \sqrt[3]{v}$.

(3) 19-21 行：　$x^3 + d = cx$.
　　この形の解法は述べられておらず，（2）と同様とされてい
　　る．

　次の問題 35（4 月 9 日の手紙）では，カルダーノは $x^3+3x=10$，$x^3+x=11$ を提示し，タルターリャの韻文が十分に理解できないと書き，それに対しタルターリャは $1/3c^3$ ではなく $(c/3)^3$ であると注意しています．さらに問題 38（8 月 4 日）では，カルダーノは $x^3=9x+10$ という「還元不能の場合」について質問していますが[*13]，タルターリャはそれに答えることが出来ませんでした（後にボンベリが取り上げることになります）．

　タルターリャはルネサンス人にふさわしく，理論と実践について述べ，カルダーノに劣らずその著作の数は膨大です．しかしそれら作品を通じてのみならず，彼はヴェローナのパラッツォ・マッザンティにあった学校で，算法教師として 15 年間ほど口頭で多くのことを後世の学徒に伝えたのでした．さらにその後ヴェネツィア最大の教会の一つサン・ザニポロ教会で，数学の講義をして生活したと伝えられています．それらの内容の一部が彼の作品あちこちに散りばめられています．

　この時代，オスマン帝国のスレイマン 1 世がウィーンを包囲（1529）した時代で，ヨーロッパは危機的状況にありました．タルターリャは文化の中心地ヴェネツィアで時局にふさわしく『新科学』（1537）で弾道研究を発表し，一躍著名になったのです．その意味では彼は初期のガリレイと同様に軍事技術（工学）者でもあったといえます．しかしガリレイやカルダーノとは異なり，大学とは無縁で，社会的高位には就けず，3 次方程式解法の優先権を契機として出世しようと目論みました．結局はそれを果たせず，論争の地であったミラノを失意のうちに離れヴェ

[*13]　$x^3=cx+d$ のとき，「カルダーノの公式」

$$x=\sqrt[3]{\frac{d}{2}+\sqrt{\left(\frac{d}{2}\right)^2-\left(\frac{c}{3}\right)^3}}+\sqrt[3]{\frac{d}{2}-\sqrt{\left(\frac{d}{2}\right)^2-\left(\frac{c}{3}\right)^3}}\quad (c>0,\ d>0)$$

で，$(c/3)^3>(d/2)^2$ となり，根号内が負になってしまう場合．

ネツィアで貧困のうちに最期を迎えたのです.

　タルターリャについては論争相手のカルダーノに比べまだ不明なことが多く, 今後タルターリャ学のイタリアを超えた発展が望まれます. 実際彼の仕事は, 16世紀後半から17世紀に, ギョーム・ゴスラン (?~1590) によってフランスで, ステヴィンによってオランダで, ジャンバッティスタ・ベネディッティ (1530~90) によってイタリアで, トーマス・ソールズベリー (1625頃~65頃) によってイングランドで, 今日我々が理解する以上に実用数学者として高く評価されていたのですから.

タルターリャ関係の北イタリアの地図

第7章

カルダーノと反射比

　数学史においては，その時代に繰り返し研究されたものの，その後の展開にはつながらず，今日では忘れ去られてしまったものが少なくありません．たとえば円と接線との間の曲線角の大きさはどのようなものかという「接触角の問題」があります．またその時代に重要とされたものでも，今日から見ればたいしたことはない問題もあります．今回はそういった問題を，ルネサンス期の万能の学者で数学者でもあったカルダーノの場合に見ておきましょう．

『カルダーノ全集』

　カルダーノ（1501~1576）は他のルネサンスの著作家同様多作家でした．しかも書いたものに次々と変更を加え改訂版を出していったのは，カルダーノ研究家を悩ますところです．没後出版された『カルダーノ全集』（1663）全 10 巻[*1] には 127 点の作品が含まれ，復刻版も 2 度出版されています（1966 と 1967）が，次のサイトでも見ることができます．

　http://filolinux.dipafilo.unimi.it/cardano/testi/opera.html

[*1]　Cardanus, *Opera omnia* I - X, Lyon, 1663. 約 400 万語からなる大全集である．

この全集は，第 I 巻（文献学，論理学，倫理学），II（倫理学，自然学），III（自然学），IV（算術，幾何学，音楽），V（天文学，占星術，夢解釈），VI – IX（医学），X（その他，断片，歴代志）からなります．数学は主として第 IV 巻に含まれており，その内容を目次から見ておきましょう．（右側最後の数字はページ数で，＊印は全集で初めて公刊された作品です．）

1. 数の性質について単一の書．一と二の性質について．まずエウクレイデスが『原論』第七，八，九巻で記述した事柄について　＊1-13
2. 最も豊かで有益な一般実用算術　14-216
3. 小計算と呼ばれる小論　216-220
4. アルス・マグナ，つまり代数学の諸規則についての一書　222-302
5. 算術のアルス・マグナ　＊303-376
6. アリザ則小論　＊377-432
7. プラスとマイナスについての話題　＊435-439
8. 幾何学礼讃　440-445
9. 数学者たちのエクサエレトン　＊446-462
   数，運動，重さ，音，その他計測できるものの比についての第九作品．幾何学的方法によって確立されるのみならず，自然についての様々な実験と観察によって，巧妙な証明で明らかにし，多方面で利用できるようにする　463-601
10. 線の操作　＊602-620
11. 音楽の原理と規則についての性質　＊621-630

『カルダーノ全集』第 4 巻内容

奇妙なことに，10 はガリレイの作品『幾何学的軍事的コンパス』（1606），11 は作者未詳のイタリア語作品で，カルダーノの作品ではありません（ガリレイや作者未詳との言及はされていません）．

なぜこの 2 点がカルダーノ全集に紛れ込んだのかは不明です.

　カルダーノ自身は反宗教的立場を表明しているわけではありませんが, 17~18 世紀フランスでは, カルダーノは反宗教的思想家としてリベルタン（自由思想家）の間でもてはやされていました. その中でリヨンで全集が出版されたのです. しかし実践的科学の立場からは, この全集の出版は奇妙に思えます. 没後100 年もたってカルダーノの科学作品を出版する意味があったのかという問題です. 数学でいえば, すでにデカルト『幾何学』（1637）が出版され, 新しい数学が誕生し, また微積分学が躍動し始める直前です. カルダーノの数学はすでに時代遅れになっていることは誰の目にも明らかなのです. 記号法の未熟なカルダーノの数学を 17 世紀後半に誰が読むのでしょうか. たしかに医学者としてのカルダーノが書き残した医学事例研究は, まだ当時においては参考にはなるかもしれませんが, それでも冗長なラテン語の記述は読者を悩ませるだけのような気がします.

『カルダーノ全集』（1663）表紙中央の図版.
右側にはエウクレイデス, 左側にはエジプトのプトレマイオスが立つ. 中央には, 神の手が「事物の普遍性は神の手の中の塵のようなもの」と書かれた天球儀を持つ.

カルダーノの数学作品

　『全集』8番目の収録論文「幾何学礼讃」は，1535 年にミラ
ノの「アカデミア・プラティナ」での講演録で，表題の通り幾
何学を最高の学問として礼讃しています．ここでいう幾何学と
は，量と比についての学問です．そこでは幾何学の歴史を述べ，
エウクレイデスとアルキメデス，さらにピサのレオナルドとパ
チョーリをとりわけ評価しています．そして「神自身は最高の
幾何学者で，幾何学を理解している」（『全集』第 IV 巻，444[a]）
と述べています．興味深いのは，ここでカルダーノは地球中心
説を支持する一方，7 惑星の間にある種の比が存在するというケ
プラーの思想内容を先取りして，次のように述べていることで
す．

　　　最も卓越したる創造主（Opifex）が世界の構造の中に幾何学
　　　的な比全体を保存したことは確かである．世界の構成におい
　　　て比に勝るものはなく，むしろそれだけを注意深く考察すべ
　　　きなのだ．そればかりか，この比を明らかにすると 7 惑星の
　　　比が得られるのではないだろうかと，おそらく誰かが尋ねる
　　　であろう．確かにそうなのだ．（『全集』第 IV 巻，445[b]）．

　『全集』9番目の「数学者たちのエクサエレトン」は，ローマで
1572 年 7 月に書きあげた小論です．その短い論考のあと，「数，
運動，重さ，音，その他計測できるものの比について」（以下
では「比について」と呼ぶ）という長編が続きます．これは『原
論』の記述の体裁をとって，まず 23 の定義，7 つの共通概念
（animus communis）つまり公理，そして 14 の公準ののち，あ
まり関連性のない命題が 233 も続きます．なかには医薬品の割
合比（命題 55），光線の比（命題 96），宝石の価格の比（命題
101），天文の比（命題 163~165）などもあります．ここでは機

械学について，実験に基づきながらも，比を用いて量的に平衡
や比重を論じているのが特徴です．とはいえその挿絵は次に見
るように前近代的ではありますが．

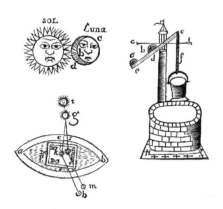

「比について」の挿絵．
月面の影，水面に浮かぶ鏡による太陽光の反射，井戸の梃子，
それぞれにおける比を述べる

全集の他の巻には数学関係では次のものが含まれています．

「サイコロ遊びについて」（『全集』第 I 巻）
「整数に関する算術」（『全集』第 X 巻）
「数学問題」（『全集』第 X 巻）
「ルドヴィコ・フェラーリの生涯」（『全集』第 IX 巻）

フェラーリはカルダーノの弟子で，4 次方程式の代数的解法を
発見した数学者です．
全集に収められていないものには次のものがあります．

「エウクレイデス『原論』への註釈」（パリに保管されている
未刊の手稿）

　以下の 6 点は，カルダーノ『自伝』第 45 章で言及されている
手稿ですが，すでに消失し詳細は不明です [*2].

　　「新幾何学」
　　「整数について」
　　「分数について」
　　「数の特性について」
　　「無理数について」(De alogis)
　　「虚偽の数，つまり作られた数について」(De commentitiis
　　seu fictis)

　alogis（a＋logos）とは比（logos）がないこと，つまり有理数で
はないことを意味します．また commenticius は「虚偽の，想像
上の」，fictus は「作られた」を意味し，『アルス・マグナ』にも登
場する単語で，今日的には虚数を表します．
　近年，カルダーノの個々の作品があらたに編集し直されてい
ますが，いまのところそのうちのごく一部が刊行されているの
みです．

『アルス・マグナ』

　今日カルダーノの作品で数学史上最もよく知られているの
は『アルス・マグナ』です．このタイトルの書物には，代数学
（1545）と算術（1663 年の『全集』が初出）の 2 点があり（『全

[*2] 『自伝』は 5 回（4 回単著，全集 1 回）刊行され，微妙に内容が異なる．
自伝についての調査は次が参考になる．Maclean, Ian, *De libris propriis*: *The
Editions of 1544, 1550, 1557, 1562, with Supplementary Material*, Milano, 2004.
またカルダーノの著作リストについては，最近の研究が次に見られる．Ian
Maclean, "Girolamo Cardano: the Last Years of a Polymath", *Renaissance Studies*
v.21 n.5, 2007, 587 - 607.

集』の第 4 番と第 5 番），前者の方が有名です．この代数学の
『アルス・マグナ』は 4 度出版されました．

　　1545（ニュルンベルク）：初版で『アルス・マグナ』のみ

　　1570（バーゼル）：『アルス・マグナ』『アリザ則』

　　1570（バーセル）：『比について』『アルス・マグナ』『アリザ則』

　　1663（リヨン）：全集第 4 巻所収

　全集版は 1570 年版に基づいていますが，それでもいくらか記
号法や用語などが異なり，ギリシャ的に変更されていますので
注意が必要です．重要な用語を比較すると次のようになります．

	1570 年版	1663 年版
無理数	irrationalis	aloga
有理数	rationalis	rheta
単位	unitates	monades

　この『アルス・マグナ』には，イタリア語訳の手稿（カルダー
ノによるものかどうかは不明）がコロンビア大学にあります [*3]．

　さて，カルダーノといえば 3 次方程式の代数的解法を想起で
きます．確かそれは後続の方程式論において重要で，多くの影
響を与えました．実際，初版刊行 1545 年は「近代代数学誕生
の年」としても過言ではありません．しかしカルダーノ自身と
いえば，この『アルス・マグナ』をさほど重要とは考えていな
かったようです．というのも，3 次方程式の代数的解法に関して
は，自身が発見したというよりも，数学者シピオーネ・デル・
フェッロやタルターリャの功績を本文中で評価しているからで
す．常日頃から自信過剰であるカルダーノにしては珍しい対処

[*3] Columbia University Library, Plimpton 510 - 1700. タイトルは *l'Algebra* となっ
ている．

の仕方です．さらにタルターリャとの優先権論争では，自らは
論争に関わることはなく，弟子のフェラーリに任せきりなので
す．たしかにカルダーノは医者として多忙を極めたとはいえ，
論争好きであるにもかかわらずこの件であまり関わらなかったの
は不思議です．

反射比

　では『アルス・マグナ』はカルダーノにとってさほど重要では
なかったのでしょうか．カルダーノは自身の数学作品のうちど
れが重要と考えたのでしょうか．このことを知るにはカルダー
ノの『自伝』が適切です．『自伝』は心の内を語った貴重な資料
で，その第 44 章「諸学問においてなした価値あること」では，
自分が手がけた研究成果のなかで重要と考えた仕事に言及して
います．

　　算術においてはすべてを［習得した］．代数学と呼ばれる方程
　　式，および数についてのすべての性質，とりわけ数の間に
　　ある同類の比［を研究した］．容易なもの，称賛すべきもの，
　　その両方であるものについて，すでに発見されていたこと
　　を私は論じた．幾何学においては，複雑な比と「反射比」，
　　アルキメデスがすでに見出していた有限による取扱い，つ
　　まり有限によって無限［を取り扱った］．[*4]

　ともかくも代数学と並んで「反射比」（reflexa proportio）をこ
とさら取り上げており，カルダーノはこの「反射比」を重要と考

[*4]　出典：Girolamo Cardano, *Hieronymi Cardani mediolanensis De propria vita
liber*, Paris, 1643, p.39. なおカルダーノは方程式を箇条，条項の意味をもつ
capitula と呼ぶ．

えていたことがわかります.

　ところでカルダーノ『自伝』は, 同じ年に 2 種の和訳が出版さ
れましたので読み比べてみるとよいでしょう. 原文のラテン語
は省略が多く, また多義的なので, しばしば解釈に悩むところ
ですが, 2 つの和訳があると比較しながら理解できるので大いに
助かります. しかしこれら 2 種の和訳は原典を参照しながらも,
ともに主としてイタリア語訳から訳されており,「反射比」を「熟
考を要した比率」「比例」と訳し, 本来の意味を取りそこねてい
ます.

- 『カルダーノ自伝』(清瀬卓, 澤井繁男訳), 海鳴社, 1980
  (平凡社, 1995).
- 『わが人生の書 : ルネサンス人間の数奇な生涯』(青木靖三,
  榎本恵美子訳), 社会思想社, 1980.

　では反射比とはどのようなものでしょうか[5].

　カルダーノは反射比を,『幾何学礼讃』(1535),『精妙さについ
て』(第 2 版 : 1554),『比について』(1570) で触れています. た
だし反射比だけに特化した作品は現在のところ見つかっていま
せん.

　『精妙さについて』では, 3 数 9, 16, 20 があるとき,
$(9+16):20 = 20:16$ となる比を反射比と述べています. さらに
そこでは, 三角形において, 次の図のように長い順に 3 辺を
b, a, c とすると,

$$b:a = (a+c):b \text{ かつ } a:c = (b+c):a$$

となる比としています. そして反射比にあるとき, $\angle ABC$ を 2
等分する線を引き, AC と交わる点を D とすると,『原論』VI-3

---

[5]　反射比については次を参照した. Albrecht Heeffer, "Cardano's Favorite
Problem, the *Proportio reflexa*", *The Mathematical Intelligencer*, 36-4(2014), pp.
53-66.

より次のことが成立することを述べています.

三角形 ABC ∽ 三角形 DBC.

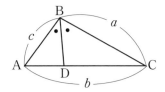

『比について』では，反射比を円に内接する正 7 角形の議論へ応用していますので，次にそれを見ておきましょう[*6].

円に内接する正 7 角形

　図のように円に内接する正 7 角形を考えます．ここで三角形 BDC が反射比にあるというのです．カルダーノは述べていませんが，三角形 BDC の角度は図のようになり，またこの三角形の 2 辺は正 7 角形の対角線となります.

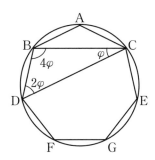

　いま 1 辺 BD を 1, BC を x と置くと，反射比により，$(BC+BD):CD = CD:BC$ から，$(x+1):CD = CD:x$. したがっ

[*6]　Cardano, *op.cit*., cc.492-93.　『比について』の定義 20 では異なる定義を与えている．「反射比とは，3 量があるとき，第 1 と第 3 の和 対 第 2 が，第 2 対 第 3 となるときを言う」（『全集』第 VI 巻, 465）．

て，

$$x^2 + x = \mathrm{CD}^2.$$

同様に，$(\mathrm{BD}+\mathrm{CD}):\mathrm{BC}=\mathrm{BC}:\mathrm{BD}$ より，　$(1+\mathrm{CD}):x=x:1.$ したがって，

$$x^2 = 1 + \mathrm{CD}.$$

以上から

$$1 + \sqrt{x^2 + x} = x^2.$$

移項してから平方して，

$$x^4 - 2x^2 + 1 = x^2 + x.$$

両辺に $4x^2$ を加えて，

$$x^4 + 2x^2 + 1 = 5x^2 + x.$$

この4次方程式を解けばよいわけです．カルダーノの弟子フェラーリの見出した方法（『アルス・マグナ』に記載）を用いて，両辺に $2y(x^2+1)+y^2$ を加えると，

$$(x^2+1+y)^2 = 5x^2 + x + 2y(x^2+1) + y^2.$$

つまり

$$(x^2+1+y)^2 = (5+2y)x^2 + x + (y^2+2y).$$

左辺は完全平方式です．ここで右辺も完全平方式になるためには

$$(5+2y)\times(y^2+2y) = \frac{1}{4}$$

でなければなりません．これを展開すると

$$y^3 + \frac{9}{2}y^2 + 5y = \frac{1}{8}.$$

こうして3次方程式に還元されました．ここで y^2 の項を消すために，　$y = z - \dfrac{3}{2}$ で置き換えると，

$$z^3 = \left(1 + \frac{3}{4}\right)z + \frac{7}{8}.$$

これを解けばよいわけですが，カルダーノの記述はここで終わっています．ここでは3次が1次と数とに等しくなり，ギリ

シャ的な同次性の制約はもはや見られません.

　この時代に未知数は，中世以来「モノ」を意味する res を用いるのが普通ですが，ここでカルダーノは，positus（置かれたものと）の省略形 pos を用いています．したがって，先の最後の式は ad（に対して），equalem（等しい），cu（cubus つまり立方である 3 乗），p（plus）を用いて次のように表されています.

$$\text{ad 1.cu.equalem 1}\ \frac{3}{4}\ \text{pos p: }\frac{7}{8}.$$

　次にカルダーノは弟子のフェラーリによる方法を紹介しています．フェラーリはここで正 7 角形の 1 辺を 1 と置いて計算します.

　いま BD＝1, BC＝x, DC＝y と置くと，AD＝x, BE＝y となります．ここで円に内接する四角形 ABDC と四角形 BCED において，プトレマイオスの定理[*7]を適用すると，

$$\begin{cases} x^2 = 1 \cdot y + 1 \cdot 1 \\ y^2 = x \cdot y + 1 \cdot 1 \end{cases}$$

つまり，

$$\begin{cases} x^2 = y + 1 \\ y^2 = xy + 1 \end{cases}$$

から, y を消去して

$$x^3 + 1 = x^2 + 2x.$$

　これもフェラーリは

$$\text{1.cu. p. 1.aequantur 1.quad. p. 2.pos}$$

[*7]　代数的に述べるなら，円に内接する四角形では，対角線の積は，2 組の対辺の積の和に等しく，また逆に，それらが等しい場合は円に内接する，というもの．カルダーノの時代には代数的に理解されていた．反射比は，本文中に見るようにこのプトレマイオスの定理に関係づけることができる.

と書いていますが，ここでもフェラーリはこの方程式を解いて
はいません.

　ここでこの問題を振り返って見ましょう．正7角形の1辺を
t，2辺の対角線を d_2，3辺の対角線を d_3 とすると次の関係が
導かれます.

$$\begin{cases} (t+d_3):d_2 = d_2:t \\ (d_2+t):d_3 = d_3:d_2. \end{cases}$$

　これは反射比です．ここで $t=1$, $d_2=x$ と置くと，先のカル
ダーノが見出した方程式 $z^3 = \dfrac{7}{4}z + \dfrac{7}{8}$ が導かれます．

　正7角形の作図は当時の数学者が関心をもっていた題材で,
タルターリャはフェラーリとの論争で題材として取り上げていま
すし，デューラーは近似的作図法を考案しています.

正7角形の意味

　最後に反射比の意義について触れておきましょう．反射比と
いう用語はカルダーノ以前には今のところ見出されないようで
す．他に言及しているのは，その後のケプラーです．『宇宙の調
和』の第1巻は正則図形の作図法ですが，その命題45で，ケ
プラーは幾何学的に厳密ではないとしてカルダーノの方法を批
判しています[8]．またケプラーは，代数学は実践的なだけであり
幾何学に劣ると考えていました．しかし以上で見たように，カ
ルダーノの方法は代数学を幾何学に適用し，方程式を打ち立て,
そこでは同次性を超えたという意味で，ケプラーよりも近代的
と言えるでしょう．デカルトの方法を先取りしているかのよう
です.

　ところでカルダーノにとって反射比がなぜ重要だったので

----

[8]　ケプラー『宇宙の調和』（岸本良彦訳），工作舎，2009，65 - 77 頁.

しょうか．それについてカルダーノは何も述べていません．カ
ルダーノが反射比を用いているのはもっぱら正 7 角形の作図で
す．むしろこの正 7 角形のほうが重要であったのかもしれませ
ん．それは単に正多角形の作図の一部という意味を超えて，『幾
何学礼讃』に見られるように 7 惑星に対応すると考えたからで
はないでしょうか．その意味ではカルダーノはケプラーと同じ
ように，比と天体とを結びつける今日から見れば神秘的立場を
とっていたとも言えます．ただしケプラー自身は，正 7 角形は
幾何学的には作図できず，また 1 辺の長さは不可知であると述
べています[9].

カルダーノは 1576 年に亡くなり，ケプラーはその少し前の
1571 年に生まれていますので，両者は出会うことはありません
でした．前者は医学者ですが代数学を得意とし，後者は天文学
者ですが代数学を低く評価していました．守備範囲も方法も異
なりますが，両者の背景には比と天体とを結びつける強い信念
があったことが伺えます．ともにルネサンスの息吹の中で活躍
したのです．

---

[9]　ケプラー，前掲書，p.65.

第8章

コレージュ・ロワイヤルと数学教授職

フランスでコレージュ・ド・フランスといえば，今日最も重要な高等教育研究機関の一つです．教授の地位において，パリ大学などの通常の大学やグランゼコールとは別格で，セールやコンヌなどフィールズ賞を受賞した名だたる数学者もそこの教授です．というより数学教授の大半がその受賞者なのです．コレージュ・ド・フランスは公開講義を提供する機関なので，一般市民も受講できます．たとえば20世紀の文系の科目であれば，ベルグソン，フーコー，レヴィ＝ストロースなどが担当しました．常にその時代の最先端を行く学者による講義ですから，多くの受講者が集まります．しかし数学をはじめ理系の科目ですと内容が専門的になりすぎ，受講者の大半は大学教授や研究者という話です．

ところでこのコレージュ・ド・フランスの前身はコレージュ・ロワイヤルで，これはフランス王フランソワ1世（在位1521~44）により，人文学者ギヨーム・ビュデ（1467~1540）の助言のもと1530年パリに設立されたものです．今回は，このコレージュ・ロワイヤル設立時の数学教授についての話です．

コレージュ・ロワイヤルの数学に関しては，数多くの文献があります．なかでも次の3点が有用で，今回利用しました．

- M.L.AM. Sédillot, *Les professeurs de mathématiques et de physique générale au Collège de France*, Rome, 1869.

- André Tuilier, *Histoire du collège de France I : La création 1530-1560*, Paris, 2006.

- Isabelle Pantin, "Teaching Mathematics and Astronomy in France: The Collège Royal (1550-1650)", *Science and Education* 15 (2006), 189-207.

最初のものは，コレージュ・ド・フランスの書記でもあるセディヨが，ボンコンパーニによる数理科学史雑誌 *Bullettino di bibliografia e di storia delle scienze mathematiche e fisiche* 2-3 (1869-70) で発表した，200 ページ以上の論文を別刷りで刊行したものです．さらにボンコンパーニによる膨大な量の脚注も付けられています．

コレージュ・ロワイヤルと数学

西洋中世では，どの大学にも四科（算術，幾何学，音楽，天文学）という共通科目があり，その枠組みのなかで数学が教えられていました．しかし教育が中心であったので，本格的研究が始められるのは 17 世紀を待たねばなりません．フランスにはすでに 12 世紀に起源をもつパリ大学がありましたが，そこで教えられているのとは異なる科目，つまり中世スコラ学者には知られていない科目を教えることを目的とした高等教育機関が設立されました．それがコレージュ・ロワイヤルで，国費で教授が雇用されました．当初採用されたのはギリシャ語教授 2 名，ヘブライ語教授 2 名（1531 年からは 3 人），そして数学教授 1 名でした．後にラテン語修辞学，哲学，医学の教授が加わることになります．ギリシャ語，ヘブライ語，ラテン語が教えられるので，コレージュ・ロワイヤルは，ルーヴァン（今日のベルギー

の都市でオランダ語ではルーヴェン）にある同じ名前の機関にならい「3 言語学校」(Collegium Trilinguae) とも呼ばれていました.

　当初ギリシャ語，ヘブライ語という人文主義的学問に数学が加えられたのは，フィネ（後述）によれば,「数学によってフランスが繁栄し，周辺の他国や他民族を科学の領域で凌駕するため」ということでした. ルネサンス期になり，商業や軍事などへの数学の有益性が強調される時代となっていたからです. 通常の大学と制度上異なるのは，学位を出さないこと，無料で誰もが受講できることです. この講義形態は今日に至るまで変わっていないことは冒頭に述べたとおりです. 今日のコレージュ・ド・フランスのロゴには,「万人に教える」(docet omnia) というラテン語が見えます. ただしコレージュ・ロワイヤル時代，どのくらいの数のどのような人々が数学を聴講していたのかに関する資料は残されていないようです.

　フランス・ルネサンス期のパリ大学では，数学教育は十分には行われていませんでした. パリで数学を学ぼうとすれば，まさに当時次々と出版されつつあったテクストで自習するか，コレージュ・ロワイヤルで学ぶかという選択でした. またこのコレージュ・ロワイヤルの数学教授の役割には，(1) 受講生に数学を教えること，(2) 数学書を出版しフランスの数学教育に刺激を与えること，がありました. この時期，出版や数学教育はドイツが先行していたので，ドイツで出版された数学・科学書が訂正，付加され，コレージュ・ロワイヤル支援のもと次々と再版されました. ドイツでは，人文主義者メランヒトンの影響のもとでとりわけ天文学が重要視され，その地で出版されたサクロボスコやレティクスの作品が，今度はフランスで改訂再版されていきます. またギリシャ科学の復興の時代でもあり，古代ギリシャの作品も出版されました.

オロンス・フィネ

　さてコレージュ・ロワイヤルの初代数学教授はオロンス・フィ
ネ（Oronce Fine, 1494~1555：Finee, Finé などとつづられるこ
とがある）です [*1]．当時の学問の言葉ラテン語では，オロンティ
ウス・フィネウスとも呼ばれていました．彼はフランス南東部の
グルノーブル付近のドーフィネ出身で，医師の家系に生まれ，当
初パリで医学を学びました．その後パリの印刷所のイラストレー
ターや校正係，そして編集者をしていました．この経験がその
後の彼の多くの科学書の印刷と，さらにそこへの図版挿入に役
立ったようで，フィネのテクストには図版が豊富なのが特徴で
す．その後もナヴァル校とメートル・ジェルヴェ校で数学を教え
ていました．

フィネの肖像．天文学と実用数学に詳しいフィネらしく，
天球儀とコンパスを持つ [*2]．

[*1]　フィネについての最新の研究は次に見られ，本稿執筆に参考にした．
Alexander Marr (ed.), *The Worlds of Oronce Fine : Mathematics, Instruments,
and Print in Renaissance France*, Shaun Tyas, 2009.

[*2]　出典：André Thevet, *Les vrais pourtraits et vies des hommes illustres grecz,
latins et payens ...* II, Paris, 1584, p.564. 本書は著名人の肖像画集．

　フィネはわずか 20 歳代でポイアーバッハ『惑星理論』（1515）
を，翌年にはサクロボスコ『天球論』を編集し，その後も著名な
数学書を多く刊行していたので，すでにその名前はパリで広く
知られていました．そして設立間もないコレージュ・ロワイヤル
が数学教授を探していたとき，フィネに白羽の矢が立ち任命さ
れ（1531），彼は晩年までその職を務めました．ただし当初は特
段の校舎はなく，パリ大学の校舎を間借りして講義をしたこと
もあり，フィネの正式タイトルは「パリ大学の国王^{ロワイヤル}の数学講師」
というものです．

　フィネは，オリジナルな研究こそ少ないのですが，古典や自ら
執筆した多くの書籍を刊行し，数学の普及と教育に貢献し，フ
ランス・ルネサンス期の代表的数学者と言えます．人文主義者
ルフェーヴル・デタープル（1455~1536）の弟子でもあり，数学
者ラムス（1515~1572）やペレティエールやフォルカデルなど次
世代の多くのフランス数学者を育てた彼は，数学を自然哲学（科
学）と神学の間に位置づけ，その重要性を常に強調しました[*3]．
フランスがその後ヴィエトやデカルトという大数学者を輩出す
る土壌を作ったと言えるでしょう．その点で彼は，フランス数
学の伝統を作りあげていくスタートラインに立った，しかも教
授として専門的数学者でもあったのです．

　フィネは 150 エキュの給料で，四科（算術，幾何学，天文
学，音楽）と，光学，宇宙形状誌，射影法，数学器具使用法
を教授しました[*4]．当時の数学は，フィネの講義内容に見られる
ように，今日の数学よりも広範な領域を含んでいました．数学

[*3]　フィネの思想史的意義についてはここではふれないが，次を参照．Angela
Axworthy, *Le mathématicien renaissant et son savoir : le statut des mathématiques
selon Oronce Fine*, Paris, 2016.

[*4]　ギリシャ語とヘブライ語の教授は 200 エキュなので，数学教授の社会的地
位が想像できる．

という概念は今日とは異なっていたことに注意せねばなりません．いずれにせよフィネの数学は，中世伝来の伝統的な初等数学の枠を出てはいませんでした．

フィネの数学

　フィネが数学教授になってすぐ出版された主著『プロトマテーシス』(1532) は，数学百科とも言えるもので，幾何学，算術，天球論，日時計論のそれぞれの部分が別個のタイトルをもつ浩瀚な作品です．理論と実用の双方に言及し，当時の学生の入門書あるいは参考書として手頃な内容で，分冊され何度も公刊されました．

　当時円の計測が話題になっており，『円の計測』(1544) などそれに関する著作もいくつかあります．『円の計測』では，この問題の歴史を概観し，アルキメデスとニコラウス・クサーヌスのみが評価に値するとしています．アリストテレスがこの問題に価値を置いたので，これを解決することが自分の務めであると述べ[*5]，円周率を $\frac{47}{15}$，そして後に $3\frac{11}{78}$ などとしています．フィネは多作で，それだけに彼の議論には欠陥も少なからず見られ，クラヴィウスやポルトガルの数学者ヌネシュをはじめ多くの学者から数学的反論が出ています．フィネが今まであまり歴史研究の対象にはならなかったのは，これら批判が多く，最先端を行く数学者とは見なされなかったことによるようです．

　しかしフィネは，数学教授としてその後のフランス数学の伝統を打ち立てただけでなく，器具製作，日時計学，築城学などの新しい分野の展開にも貢献しました．その意味で彼は，学者

[*5] ルネサンスの数学者にしては珍しく，フィネはプラトンではなくアリストテレスの影響を受けていることになる．

と技術家を結びつけた重要な人物でもあるのです．彼が一時期
牢屋に入れられていた（理由は不明）時に作った（1524）とされ
る象牙製のナーヴィクラ（小舟）と呼ばれる日時計が，ミラノ
のポルデ・ペッツォーリ博物館に現存しています．フィネの生
きた時代は，ヴァスコ・ダ・ガマやマジェランが活躍したすぐ
後の時代であり，時代の要請から，フィネは数学的知識を利用
して世界地図を作製しています．彼のハート型をした地図や，
オーストラリアを描いた地図は有名です．

　彼の作品はラテン語で書かれましたが，フランス語にも訳さ
れ多くの読者を得ています．さらにその後も部分的に何度も再
版されています[*6]．またフィネの作品が集められ，コジモ・バル
トリ（1503~72）によってイタリア語に訳され 1587 年に出版さ
れていますが，それがその後 1670 年に再版されていることを考
えると，教育的にいかに優れた作品と見なされていたかがわか
ります．

フィネ以降の数学教授たち

　当時コレージュの数学教授はフィネ一人でしたが，やがて
1540 年から 2 人体制になります．当時ラムスが数学の重要性
を訴えており，その影響で，さらにラムス数学講座が設立され，
1577 年からは数学担当は 3 人になります．ここで彼ら教授たち
を簡単に紹介しておきましょう．ユニークな数学者も少なくあ
りません．

　パスカル・デュアメル（? ~1565）は 1540 年に採用されまし
た．彼には特段の業績があるわけではありませんが，イタリアや
ドイツで書かれた書物を出版し，なかでもゲオルク・ハルトマン
『射影法』(1556) が有名です．またギリシャ数学に関しては，『ア

[*6] 出版リストはたとえば次に見える．A. Axworthy, *op. cit.*, pp.407-22.

ルキメデス「砂粒を数える」への注釈』(1557) があります.

　ジャン・マニャン (?～1556) は，1555 年にフィネの後任として採用されますが，2 年もたたずに亡くなってしまいます．彼は最初に代数学を教え，それを「密かな同一物」(unitas secretior) と呼んでいました.

　ジャン・ペナ (?～1558) がマニャンの後任です．彼はラムスの弟子で，若くして数学と言語の才能を認められ着任しますが，彼も 2 年もたたずに亡くなります．彼はエウクレイデス『オプティカ・カトプトリカ』(1557) のギリシャ語テクストをラテン語訳付きで出版しました．すでにそのザンベルティによるラテン語訳は存在しましたが，ギリシャ語版の出版はこれが初めてです．その他ギリシャ語の数学テクストを出版しています.

　ピエール・フォルカデル (1500 頃～1572/73) は従来の教授たちとは異なっていたと言われています．というのは，今までの教授たちはみな人文学的素養がありましたが，フォルカデルはそのような知識はもたず，その意味では狭義の数学者だったというのです．ラムスは彼を「学識もなく哲学もない」と言うものの，その数学は評価していました．しかしフォルカデルはフィネなどの作品を翻訳していますので，ラテン語ができなかったと評することはできないように思われます．彼の関心は算術と『原論』で，他の教授たちとは異なりフランス語で講義しました.

　ダンペトル・コーズル (生没年は不明) はさらに異彩を放つ人物です．そもそもフランス人ではなくシチリア出身で，数学はできたもののラテン語もフランス語もできないのです．ラムスは解雇を主張し[7]，コーズルは引退を受け入れますが，ラムスの主張に常日頃真っ向から対立していたシャルパンティエを後任に推薦します．それ以降，知識がなく採用したくない人物のこと

---

[7] ラムスがイタリア嫌いであったことも理由の一つと思われる．このあたりのことは興味が尽きないがこれ以上は立ち入らない.

を，コレージュでは彼の名前からダンペトル（Dampestre）と呼ぶようになったと言われています．

　後任のシャルパンティエ（1524～74）は有名なアリストテレス主義者でした．その後ラムスの提案によって設けられたラムス数学講座に最初に就いたのが，ベルギー出身のモーリス・ブレショウ（1546頃～1617）です．

　以上の，マニャンなど（他にアランブール，モナンテイユ）は，数学者というよりは医学者で，数学面での仕事は殆どありません．彼らも数学教授職に就いているということは，まだ当時数学が専門化してはいなかったからです．しかしルネサンス期の医者は人文学的素養を備え，さらに占星術を通じて数学の知識もありました．そもそも古代の医学者ガレノスが医学における数学の重要性を指摘していますから[8]，医者が数学教授となることに矛盾はありませんでした．当時の大学には数学科というものはなく，フィネをはじめ少なからずの者が医学部出身でもあるのです．

　以上の数学教授を順に書きますと，次のようになります（括弧内は就任時期）[9]．

第一数学講座
フィネ	（1530～55）
マニャン	（1555～56）
ペナ	（1557～58）
アランブール	（1559～62）
フォルカデル	（1563～73）
モナンテイユ	（1575～1606）
…	
ガッサンディ	（1645～48）
…	

---

[8]　ガレノスが数学を方法のモデルとしたことは次を参照．Neal W. Gilbert, *Renaissance Concepts of Method*, London, 1960.

[9]　Pantin, *op.cit.*, p.200 を参考に作成した．

第二数学講座
　　　デュアメル　　　　（1540~65）
　　　コゼル　　　　　　（1565~66）
　　　シャルパンティエ　（1573~74）
　　　ドゥ・メリエール　（1576~80）
　　　ブレショウ　　　　（1581~1603）
　　　　　…

ラムス数学講座
　　　ブレショウ　　　　（1577~99）
　　　センクレア　　　　（1600~03）
　　　　　…
　　　ロベルヴァル　　　（1633~75）
　　　　　…

　少し飛ばして 17 世紀になりますと，第一教数学講座には
1645 年にガッサンディ（1592~1655）が 3 年間，またラムス数
学講座には 1633 年ロベルヴァル（1602~1675）が就任し，コ
レージュは数学・科学研究の拠点となっていきます．

コレージュとエウクレイデス『原論』

　当時大学は古典を無視していたこともあり，コレージュはギ
リシャ数学を重視し，講義にそれを採用することになっていま
した．アルキメデス，アウトリュコス，テオドシウス，プトレ
マイオス，そしてエウクレイデスなどの数学者の作品です．た
だしフィネの時代，アポロニオスは人文学者ヴァラによる要約
（1501）などでしかまだ紹介されていませんし，ディオファント
スは全く知られていませんでした．ここではエウクレイデス『原
論』を見ておきましょう．

　『原論』はすでに少し前に，グリュナエウスによるギリシャ語
版（1533）がバーゼルで出版されていました．さらにフィネの師
ルフェーヴル・デタープルは，中世後期のカンパヌス版やルネ
サンスのザンベルティ版の『原論』ラテン語訳を利用して，1516

年にラテン語版を出版していました．しかしギリシャ語版や中世ラテン語版があるからといって，それらは実用に供する新しい時代の数学教育には十分ではありませんでした．そこでフィネは『原論』の最初の6巻のみを1536年，1544年，1551年の3回出版しました．『原論』を最初の6巻だけ刊行するという習慣はここに始まりまるようです[10]．ただしフィネ自身，残りの巻も準備し，その一部の原稿が残されていますが，刊行に至ることはありませんでした．

フィネ版『原論』(1536) の表紙．
上下四隅に四科の像が描かれている．

---

[10]　同時期ドイツでは，ショイベルが『原論』のドイツ語訳を初めて刊行 (1551) するが，これも6巻まで．

フィネ版『原論』(1551).
中央の大きな刃を持った「時間」の象徴が,「この刃を弱くす
るのは徳だけである」とラテン語で述べている.

　フィネは,冒頭のフランソワ1世宛の献辞で,幾何学は極め
て重要であり,それなしには正確な知識や哲学は得られず,幾
何学によって推論力が養成され,アリストテレスの哲学も理解
できるようになると言っています.そして幾何学は,他の学問
に比べ無視され悲惨な状況であると付け加えています.当時パ
リ大学では幾何学教育が十分には行われておらず,こうして
フィネは学生用に数学教科書を刊行しようと試みたのです.実
際フィネには30点ほどの教科書出版物があります.
　フィネの最初の『原論』(1536)は,グリュナエウスによるギリ
シャ語テクストを含んだラテン語版です.正式なタイトルは『国
王の数学者であるドーフィネ出身のオロンス・フィネによる,メ
ガラ出身のエウクレイデスの幾何学「原論」の最初の6巻への証
明.それらにエウクレイデスのギリシャ語テクストが挿入され,
ヴェネツィアのバルトロメオ・ザンベルティのラテン語の解釈付
きで,オロンスの点検により幾何学的に忠実にされている』(パ
リ,1536).さて命題には,まずギリシャ語で言明が,次にその
ラテン語訳が,そして最後にフィネによる証明と,フランスの先
行者たちの註釈が付けられています.『原論』そのものを汚すこ

とはないと考え，当時編集者は自分で証明を付け加えることも
あったのです[*11].「幾何学的に忠実に」と記されてはいるものの，
証明は大半がザンベルティによるラテン語訳を用いているよう
です．フィネは『原論』を文献学的にまた数学的に厳密にするの
ではなく，『原論』を教育に用いることが第一目標であったよう
です．当時フランスでは商業や航海術に必要な実用数学のテク
ストの出版が急務で，その基本に『原論』があったからでした．
フィネの『原論』は，先進国であるイタリアのコンマンディーノ
によって，ギリシャ語の解釈のみならず数学の面でも後に批判
されますが（1572），フランスにおける数学教育面に関しては，
十分大役を果たしたと言えるでしょう．

　フィネは,『プロトマテーシス』の幾何学の巻である『幾何学第
1 巻，第 2 巻』(1532) の第 2 巻では，実用幾何学を扱い，そこ
で様々な器具の使用法を述べています．その際，その数学的根
拠を『原論』への引用で示し，理論と実践とを直接結び付け教育
する方針が読みとれます．

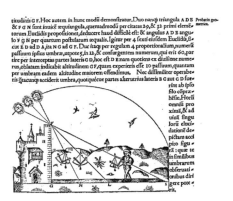

フィネ『幾何学第 2 巻』に見える高度測定の図版.『原論』
への言及が見られる.

[*11]　当時『原論』は，メガラ出身の哲学者エウクレイデスの作品と考えられ，
命題は古代アレクサンドリアの数学者テオンが証明したと考えられていた．

　後継者のジャン・マニャンが準備したギリシャ語テクストと
ラテン語訳からなる『原論』15 巻（1557）を，没後ステファヌ
ス・グラキリス（1550~80 活躍）が 30 ページにわたる長文の序
文を付けて出版しました．1587 年には，命題の言明のみのラテ
ン語訳がコンパクトな作りでケルンで再版されています．

　ところで『原論』を初めてフランス語訳したのはフォルカデル
で，1~6 巻（1564）と 7~9 巻（1565）を分けて出版しています．
そこではフォルカデル自身が証明や解説をしています．なお彼は，
エウクレイデスの音楽論もフランス語に訳しています（1565）．

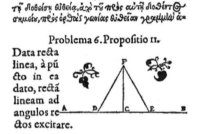

マニャンとグラキリスの『原論』（1557）の第 1 巻命題 11.
全体にわたって図形には葉模様が付けられ美的にすぐれて
いる.

　16 世紀のフランスの数学はイタリアに比べるとかなり初等的
であったことは否めません．その中でフランソワ 1 世による学
問支援のもと，新しい教育機関が開かれ，とりわけパリを中心
とする出版活動支援を通じて，数学は広く社会に浸透していき
ます．そしてそれがのちのフランス数学の繁栄に繋がっていく
ことになります．

第9章

図像から見るレティクス

—— コペルニクスの影武者

2017年はルターによる宗教改革500周年の年でした．1517年ルターがヴィッテンベルクの教会に95か条の提題をおこない，改革が始まったという話は，もはや今日では単純には認められてはいません．しかしここでヨーロッパの教会の再形成が始まったことはたしかです．その後ルターは1539年に，コペルニクスによる新説の噂を聞きおよび，天文学全体をひっくり返そうとしているとしてコペルニクスを「馬鹿者」(der Narr) 呼ばわりしました．この単語はかなり強い語義がありますので，ルターを含めプロテスタント側のコペルニクス説に対する姿勢が見えてきます[*1]．

この「ルターの町」ヴィッテンベルクは数学研究でも有名でした．まさにそこで数学者レティクスが登場するのです．今回はこのレティクスについて，とくに著作に見える図像を取り上げることにします．

[*1] D. H. Kobe, "Copernicus and Martin Luther: An Encounter Between Science and Religion", *American Journal of Physics* 66 (1998), 190-96.

「レティクスなくしてコペルニクスなし」

　今日の有名なコペルニクス研究者ローゼンは次のように述べています.

　　レティクスなくしてコペルニクスなし,
　　コペルニクスなくして動く地球なし,
　　地球力学的天文学なくして近代科学なし,
　　と言うことは言い過ぎであろうか[*2].

　科学史上最も影響を与えた書の一つ, コペルニクス『天球回転論』(1543) の刊行に尽力したのがレティクスその人です. 彼はコペルニクスの原稿を清書し, それを遠方ニュルンベルクの出版者に届け, さらにコペルニクス天文学の真髄を要約した書物『最初の報告』(『第一解説』とも呼ばれる) を刊行しました.

　ゲオルク・ヨアヒム・レティクス (1514~74) はフェルトキルヒ (現オーストリア) に生まれました. ここは古代ローマ時代にラエティア地方と呼ばれ, そのラテン語名はレティクスで, ここからは彼はそう呼ばれています.

　レティクスの生涯については次の著作が詳しく, 本稿では大いに参考にしました.

- デニス・ダニエルソン『コペルニクスの仕掛人：中世を終わらせた男』(田中靖夫訳), 東洋書林, 2008.
- Burmeister, Karl Heinz, *Georg Joachim Rhetikus, Eine Bio-Bibliographie* 3 Bde., Wiesbaden, 1967–68.

　レティクスは弱冠22歳で名門ヴィッテンベルク大学数学教授に就任します. 彼はルター派プロテスタントなので, カトリックの聖堂参事会員であるコペルニクスとは互いに立場が異なり

[*2]　E. Rosen, "Book Reviws", *Isis* 61(1970), pp.137-39.

ますが，41 歳も年上のアマチュア天文学者コペルニクスを発見
し，世に送り出した重要な人物です．宗教戦争が盛んになりつ
つある時代にあって，宗教を超え，結局二人は数学者としての
立場から，キリスト教信仰を保持しながらも，天文学の新しい
姿に自らの道を見出していったのです．そのことは今回のテー
マではありませんが，新発見資料とともに次に詳しく書かれて
います．

- R. ホーイカース『最初のコペルニクス体系擁護論』（高橋憲
  一訳），すぐ書房 , 1995 .

レティクスと数学

　ヴィッテンベルク大学で重要な人物は，ルターの補佐役を
担った人文主義者フィリップ・メランヒトン（1497~1560）で
す．彼が 21 歳で，1502 年に設立されたばかりの大学のギリ
シャ語教授となってから，その大学は古典語と中世以来の自由
七科にもとづく一大教育センターとなりました．そこで彼は数
学に秀でた学生レティクスを見出し，すぐさま数学教授にして
しまうのです．当時数学教授ポストは 3 才年上のエラスムス・
ラインホルト（1511~53）が占めていたので，レティクスは数学
第二教授ポストに就任しました．担当科目は，ラインホルトは
数学の中でも上位に位置する天文学，レティクスは算術と幾何
です．

　レティクスが担当したのは初級コースで，算術ではポイアー
バッハ『算術原論』(1536)[*3] をテクストとして，アラビア数字を
用いた四則演算などの講義をしていたことが知られています．

　また『原論』にもとづいた幾何学や，占星術も講義に含まれ

[*3] これはメランヒトンの序文付きで，ヴィッテンベルクで出版された.

ています．当時ドイツでは計算術師（Rechenmeister）たちが会
計計算，測量など実用数学に関わっていましたが，レティクス
の講義内容は彼らの数学レベルには及ばない初等的な内容です．
また噂に聞き及んだコペルニクスの太陽中心説などにも，講義
で触れていた可能性もあります．

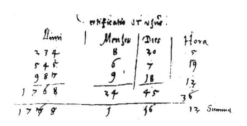

レティクスの初級算術の加法の例題
『算術原論』（1541）の自筆原稿．234 年 - 8 月 - 20 日 - 5 時間（1 列
目）など 3 列の数を加える計算．和は 1768 年 - 1 月 - 16 日 - 12 時
間と記されているが，1770 年が正解なので，その間違いが左下に
一部訂正されている [4]．

レティクスは『算術への序文』（1536）で，数学という学問の
重要性を述べ，天文学への数学の必要性を，「この学問がなけ
れば，天体を扱う自然哲学の肝心要の部分に迫ることができな
い」，と謳っています．とはいうものの，そこでの口調から，プ
ロテスタント的人文主義の特徴である，聖書と古典重視の教育
観が見て取れます [5]．

---

[4]　S.Deschauer, *Die Arithmetik-Vorlesung des Georg Joachim Rheticus,
Wittenberg 1536. Eine kommentierte Edition der Handschrift X-278* (8) *der
Estnischen Akademischen Bibliothek*, Augsburg, 2003, 4ᵛ. 本書はレティクスの
講義内容に触れている．

[5]　英訳は次を参照．S.Kusukawa, *Philip Melanchton: Orations on Philosophy
and Education*, Cambridge, 1999, pp.90 - 97. 22 歳でヴィッテンベルク大学数
学教授に就任したときの演説．以前はメランヒトン作と考えられていた．

　レティクスは生涯にわたって数学者として広く認められていました．しかし放浪癖があったのか，今日では考えられないことも見受けられます．コペルニクス本人から新説を直接学ぶため遠くフロンボルク（現ポーランド）に向かいますが，それはヴィッテンベルク大学での2年にわたる長期休暇をとってのことでした．その後1542年，友人の推薦もあってライプツィヒ大学のポストに1551年まで就任します．しかしそこでも3年間，研究旅行に出かけ，しかもその間も大学から給料を受け取っています．のみならず給与の増額を申請しているのです．大学がその要求を認めていることから（より高位の神学教授に形式的に就任させた），レティクスは大学にとってなくてはならない存在だったのでしょう．

　この時期1545年，彼はイタリアでカルダーノと面識を持ちました．年長のカルダーノがそのことを記憶にとどめていることが，彼の『自伝』からわかります．カルダーノはレティクスを数学者として評価していたようです．他方レティクスは，著名なカルダーノからコペルニクス説の支持を得ようとしたようですが，それはかないませんでした[*6]．

　その後，男色の嫌疑で大学をやめさせられますが，どういうわけかプラハ大学で学生として医学を修めています．こうして医学そして当時流行のパラケルスス流の薬学研究に従事し，それらが彼の後半人生の重要な研究課題となります．実際彼は，晩年はクラクフで診療することで糧を得て，また1551年出版の

[*6]　本書第7章も参照．レティクスとカルダーノとは間接的に関係がある．コペルニクス『天球回転論』（1543）とカルダーノ『アルス・マグナ』（1545）はニュルンベルクの同じ出版者ヨハン・ペトレイウス（1494頃-1550）が出版し，同地方の神学者オジアンダーは前者の序文執筆者，後者の献上者であった．ペトレイウスについては次を参照．Joseph C. Shipman, *Johannes Petreius, Nurenberg Publisher of Scientific Works, 1524-1550*, in *Homage to A Bookman: Essays on Manuscripts*, …, Berlin, 1967, pp.147-62.

レティクス関係地図

『三角形理論のカノン』（カノンは表を意味する）には，著者は
「医者でありかつ数学者であるレティクス」と書かれ，三角表作
成のための計算は続けたようです．

　その間も，クラクフ大学とウィーン大学から数学教授として
招聘を受けていますが，クラクフを離れることは望まず，謝絶
しました．また反アリストテレス主義者の数学者・教育者ラム
スによって，パリ大学への招聘も企画されますが，それも断っ
ています．ただしこの招聘を断ったことはレティクスにとって
結果的によい判断でした．というのも，その後すぐサン・バル
テルミの虐殺（1572）[7] により，ラムスを含むフランスのプロテ
スタント信者が殺害されることになったからです．

---

[7] 1572 年 8 月 24 日（イエスの使徒サン・バルテルミの祝日）に，フランス
のカトリックがユグノーと呼ばれるプロテスタントを虐殺した事件．

『最初の報告』

　レティクスはなぜそれほどまでに評価されていたのでしょう
か．それは数学というよりも『最初の報告』に含まれる天文学の
業績によるものです．彼はコペルニクスによる太陽中心説の噂
を聞きおよび，これに絶大なる関心を示し，ヴィッテンベルク
から 800 km 以上も離れたコペルニクスのいるフロンボルクに出
かけることになりました．すべてはこれが事の始まりです．そこ
で既に老齢に達したコペルニクスを励まし，ついに科学史上最も
重要な作品の一つである『天球回転論』出版の手助けをしたので
す．コペルニクス自身は未完成原稿と考えていたようで，レティ
クスがいなければこの書物は世に出ることはなかったのです[8].

AD CLARISSIMVM VIRVM
D. IOANNEM SCHONE-
RVM, DE LIBRIS REVOLVTIO
nũ eruditiſſimi viri,& Mathema
tici excellentiſſimi,Reuerendi
D. Doctoris Nicolai Co-
pernici Torunnæi, Ca-
nonici Varmien-
ſis,per quendam
Iuuenem,Ma-
thematicæ
ſtudio
ſum
NARRATIO
PRIMA.

ALCINOVS.

逆三角形をした『最初の報告』の長い表題

　コペルニクスが原稿を仕上げているあいだに，レティクスは
わずかな期間で，コペルニクス『天球回転論』よりも先に，その
内容を『最初の報告』（1540）として出版し，それが大変好評を

---

[8]　二人の関係は，後のニュートンとハリーとの関係に似ている．ハリーがい
なければニュートンの『プリンキピア』の出版はなかったかもしれない．

得ました．ただし初版の表題には作者名は書かれていません[*9]（バーゼルで出版された第 2 版には作者名記載）．また予定していたと思われる『第二の報告』は書かれることはありませんでした．書名の下には，ギリシャの哲学者アルキノウス（2 世紀頃）の言葉「哲学者でありたい者は判断において自由でなければならぬ」という，レティクスが他でも用いたお好みのギリシャ語句が掲載されています．

　実際『最初の報告』は『天球回転論』よりもわかりやすく，1600 年以前に 4 回も出版されていますが，『天球回転論』は 2 回しか出版されませんでした．しかもバーゼルで 1566 年に出版された『天球回転論』第 2 版は，第 3 版の『最初の報告』と合冊で出版されています．これはむしろ『最初の報告』に『天球回転論』が付録として付け加えられていたと考えるほうが当たっているかもしれません[10]．太陽中心説はコペルニクスというよりもレティクスの作品によって広まったと言えるでしょう[*11]．

　科学的内容と宗教とは切り離して考えなければなりませんが，出版という点からみると両者には密接な関係があります．禁書目録に掲載されたのは，『天球回転論』が 1616 年に対し，プロテスタントだからでしょうか，レティクスの『最初の報告』は早くも 1559 年でした（本章冒頭のルターの言葉を思い出して下さい）．

[*9]　カトリック下のポーランドのグダンスクで出版．レティクスはプロテスタントであったため作者名は伏されていたのかもしれない．

[*10]　バーゼルはプロテスタントの中心地であったからかもしれない．チュービンゲンで出版された第 4 版（1596）はプロテスタントのケプラーによる『宇宙の神秘』と合冊で出版された．

[*11]　コペルニクス研究家ウエストマンによれば，『天球回転論』出版後 60 年たってもコペルニクス説を理解した者は 10 名たらずであったという．R.S.Westman, "The Astronomer's Role in the Sixteenth Century: A Preliminary Study", *History of Science* 18（1980），pp.105‑47.

　レティクスは奢ることなく，生涯コペルニクスを尊敬し[*12]，晩年クラクフを離れることはありませんでした．それは，その地がコペルニクスのいたフロンボルクと同一子午線上にあり，コペルニクスを継承するための天文学研究に適しているとみなしたからだとレティクスは述べています．コペルニクスのもとにいた 1539 年 5 月から 1541 年 9 月までの間，彼は『コペルニクスの生涯』という伝記を書きましたが，現存しません．コペルニクスに最も親しかった人物が書いたものだけに，失われてしまったことは残念です[*13]．

レティクスの三角法

　レティクスが活躍したのは対数が登場する直前の時代で，桁数の多い乗除計算には三角表が有用でした．レティクスの数学史上の貢献はこの三角表の作成にあります．彼は，初めて 6 つの三角関数に相当するもの（ただし名前は付けていない）を表にし，また従来とは異なり，円ではなく直角三角形を用いてそれらを示しました．

　その成果はとりわけ次の 2 つの表に見られます．『三角形理論のカノン』全 3 巻（1551）と，『オプス・パラティヌム』（1596）です[*14]．前者は 6 つの三角関数を扱っています．第 1 巻は 4 部構成で，そのうち 1 部のみは弟子であるヴァレンティン・オト

[*12]　ただし，自己犠牲にしてまで出版に尽力したにもかかわらず，『天球回転論』にはレティクスへの言及がまったくないことから，レティクスはコペルニクスが自分を裏切ったと考えた，と解釈するケストナーの説もある．ケストナー『コペルニクス　人とその体系』（有賀寿訳），すぐ書房，1977，120-25 頁．

[13]　ダニエルソン，前掲書，61 頁．

[*14]　ラテン語 Palatinus とは，「宮殿」の意味もあるが，ここではドイツ語の「プファルツ」（Pfalz）を指す．本書がプファルツ選帝侯フリードリヒ 4 世に献上されたからである．

（1550～1602）の作品です．第2部は三角表です．

『オプス・パラティヌム』はレティクスの死後オトが完成した，
1500 フォリオ（つまり 3000 頁）程もある 4 部構成の長編作品
です．そこでは，円の半径が三角形の斜辺，底辺，垂線のどこ
に対応するかを区別して話を進めています．ここではそのうち
最初の場合を見ておきましょう[15]．見てわかるように桁数の多い
計算ですが，レティクスは生涯，多くの人を雇用し計算させた
ということです．

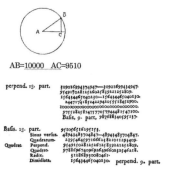

AB=10000　AC=9510

『オプス・パラティウム』第 3 巻の三角表作成計算

2 つの数値が配列されており，数値は次のことを意味し
ているようです[16]．sinus versus つまり versine（正矢）で，
$\mathrm{versin}\,\theta = 2\sin^2\dfrac{\theta}{2}$ が見えます．

$$2\sin^2 9° \;=\; \mathrm{ver\,sin}\,18°$$
$$2\sin 9° \;=\; 15643\cdots$$
$$2\sin 9° \;=\; 31286\cdots$$

---

[15]　*Opus Palatinum de triangulis*, Neustadt,1596, p.31.

[16]　Sister Mary Caludia Zeller, *The Development of Trigonometry from Regiomontanus to Pitiscus*, A Dissertation of Univ. of Michigan, 1944, p.60.

$$4 \sin^2 9° = 09784 \cdots$$
$$2 \sin^2 9° = 04892 \cdots$$
$$\text{ver} \sin 18° = 04892 \cdots$$

この作品はその後さらにピティスクス（1561~1613）が改良
し，『テサウスル・マテマテクム（数学宝典），つまり，かつてゲ
ルギウス・ヨアキムス・レティクスが信じがたい苦難で計算し
た 1000000000000000 の半径に対する正弦表』（1613）として出
版しました[17]．この『テサウスル・マテマテクム』を凌駕する三
角表は，20 世紀に至るまでついに作成されることはなかった歴
史的作品です．

　従来三角法は天文学に資するためのものでしたが，レティクスは
それのみならず，地理学，測量，地図作製，航海術，建築，機械
学などに適用されることを念頭においたという点でも重要です．

　彼は『最初の報告』に「プロイセン讃歌」という短い散文を付
録として掲載し，プロイセンの自然や文化を紹介しています[18]．
この讃歌はその後も『最初の報告』の出版について回ります．地
理学における彼の功績は『地誌表』（1542）に見えます．そこで
は地理学は天文学と関係することが述べられ，古代のプトレマ
イオスの地図を時代に即して改良しています[19]．他方で，地理
学と地誌学とを区別し，前者が数学者の研究対象であるとすれ
ば，後者はアマチュアの仕事で，とりわけ商用の旅行に有用で

---

[17]　ピティスクスの三角表については次の拙文を参照．"The Applications of
Trigonometry in Pitiscus : A Preliminary Essay", *Historia scientiarum* 30(1986),
pp.63-78.

[18]　師であるコペルニクスもプロイセンの地図を作成した．

[19]　レティクスの地理学に関しては次を参照．T. W. Freeman, P. Pinchemel
(eds.), *Geographers*: *Biobibliographical Studies* 4(1980), London, pp.121-24.

あるとしています*20．そのため地理学では goniometria（角度測定法）が重要となり，これが彼の三角法研究に繋がるのです．

レティクスとオベリスク

レティクスの歴史上の評価はどのようなものでしょうか．彼は『最初の報告』で太陽中心説を紹介しました．またコペルニクス『天球回転論』出版に多大な寄与をしました．しかし以上はコペルニクス説への付随的な仕事でしかなく，レティクスは「コペルニクスの影武者」ということにしかすぎません．また彼は三角表作成に取り組みましたが，作品は結局未完成で終わり，弟子であるオトやピティスクスの手に委ねられます．こうして彼は当時数学者・天文学者としてはきわめて評価が高かったにも関わらず，自身の研究をまとめた作品は残さなかったことになります．さらに彼の作品が禁書目録に掲載されたことで，今日彼に関してはあまり知られていないということになるのです．

ここで彼の作品の表紙を見ておきましょう．オベリスクの図像が掲載されています．オベリスクとは，ギリシャ語のオベリスコス（焼串）に由来し，古代エジプトのヘリオポリスにあった太陽神殿のものが起源です．4 世紀にはローマにもオベリスクがエジプトから運ばれ，ルネサンス期には西欧各地で大流行します．

『三角形理論のカノン』の表紙では，中央にオベリスクがそびえ立っています．これは 1550 年頃レティクスが財政的援助を得て，クラクフで実際に建てたものの図像のようで，45 パッス（約 13 メートル）とされています．ただし破壊されてしまい，現存しません．その後オベリスクはレティクスのトレードマークといってよいものになりました．彼の編集したエウクレイデス『原論』（1549）の初めの 6 巻の表紙にもオベリスクが見えま

---

*20　今日的には，「地理学」は天体の位置測度で，「地誌学」が地理学．

す．没後公刊された『オプス・パラティヌム』の表紙では，オ
ベリスクが 2 本起立しています．これはレティクスと著作を手
助けしたその弟子オトを示すのでしょう．ではなぜオベリスク
なのでしょうか．

『三角形理論のカノン』と『原論』の表紙に見えるオベリスク
よく見ると『三角形理論のカノン』(左) には，オベリスクの下で
図形を描いている人の姿が小さく見える．

『オプス・パラティヌム』のオベリスク
中央上部には雲の間から神の手が見え，プファルツ候の紋章を握っ
ている．左のオベリスク先頭からに右のオベリスクの足元に太陽光
線が落ちている．右のオベリスクの先端は月の図に触れている．

『オプス・パラティヌム』表紙の中央下には,「エジプト人たちの哲学は自然の事物の解釈を含む」, というプリニウス『博物誌』第 36 巻からの引用があり, レティクスが古代エジプトの自然に関する叡智を評価していたことがわかります.

彼が 1557 年クラクフにて, 皇帝フェルディナンド 1 世にあてた書簡にもそのことが詳しく記されています.

> オベリスクとは, エジプトで太陽神を意味しました. ですから, 太陽は, 天上界の王にして支配者なのであり, 他の星はすべてその律動と運動によって動かされているのです. 太陽こそは, まさに全世界の眼なのであり, その光により万物が輝くのです. こうして, オベリスクによってのみ, 天の王国のすべての法則を正しく理解し, 記述することができるのです. …
>
> オベリスクは, 決して人間の発明品ではありません. 人間の好奇心を満足させるためではなく, 天と地に神の幾何学が存在することを教えるために, 創造者なる神が授けたものなのです. 他方, アーミラリ, 平行長棒, アストロラーベ, 四分儀 *21 は人間の発明したものであり, したがって重大で面倒な誤りを引き起こすことにもなるのです. …
>
> オベリスクは, … 太陽, 月, 惑星, そして他の星の位置, 周期, 及び法則を決定することができる, 自然の解説者なのです. これ使えば, 星辰の運行と天上界を支配するすべての法則を調べることができます. この助けにより, 天文学, 地理学, そして星辰の影響に関わって, 人間の生活に関連する自然学の部分を構築し, 確立し, そして推進することが可能になるのです *22.

---

*21　以上 4 つは天文器具.

*22　Burmeister III, *op.cit.*, SS.139‑40; ダニエルソン, 前掲書, 285‑89 頁の訳文を一部変更.

　確かに, オベリスクのような尖塔は, 三角法を用いて高度測定に用立てそうですし, まだ望遠鏡もない時代, 尖塔は天文学にきわめて有用な建造物だったに違いありません. こうして『コペルニクスの仕掛け人』の作者ダニエルソンは, レティクスが天文器具としてオベリスクを用いたとして, 彼を科学的天文学者として評価しています.

　他方思想史家ブルーメンベルクは『コペルニクス的宇宙の生成』で, それとは異なる見解を述べています. レティクスは1536〜38 年に占星術の講義を行ったことなど, 占星術への関心が強く, 彼におけるオベリスクの表象を前近代思想に結びつけています[*23].

『予測あるいはドイツの実践』(1551)
レティクスに基づく 1551 年の予測. 中央に死神など不吉な絵が
描かれている.

　確かに,『最初の報告』にさえ, 占星術に関する記述が見え隠れするのです. 後年レティクス自身書簡で, 自作の暦(多分

[*23]　ブルーメンベルク『コペルニクス的宇宙の生成』II (小熊正久, 座小田豊, 後藤嘉也訳), 法政大学出版局, 2008, 102 - 22 頁.

占星術を含む）が 5000 部印刷されたことを誇っています [24].

レティクスの評価

　コペルニクスと比較してレティクスの評価をみておきましょう．コペルニクスは天文学を教育現場で教えたこともないし，またその研究に対してパトロンがいたわけではありません．その意味で彼はアマチュア天文学者と言えるでしょう．他方彼は，医学研究の中心地イタリアのパドヴァ大学でアヴィセンナ（＝イブン・シーナー）の医学など旧来の医学を学び [25]，故郷では医療に従事していたのです．しかも古代の医師「アスクレピオスの再来」と呼ばれ，名医の誉れ高かったので，その意味では彼は医者なのです．さらに伝染病蔓延のときには上水システムの改良などにより広義の医療活動もしています．当時は医学と占星術とは密接に関わっていましたが，彼の医学には天文学と同じく，今日から見ると非合理的要素はあまり見られないようです．

---

[24] Burmeister III, *op.cit.*,S.86.　しかもこの部数はグダニスクの一地方だけの分で，総数は不明．

[25] そこでは医療実践資格は得たものの学位は得てはいないが，当時故郷では医学博士と呼ばれていた．なお学位はフェラーラ大学からの教会法博士．

医者コペルニクスの肖像

スズランを左手にしたコペルニクス. 古来西洋ではスズランは医
学の象徴であった ^{*26}. なおレティクスの肖像は残されていない.

　それに対し, 同じく医学を学んだレティクスには, 占星術や
オベリスクなどが, その医学, 天文学 (三角表を除く) に常に
関わっています. 彼の書いたものを見ていくと, コペルニクス
説の宣伝者としての近代的ヒーローとは別のレティクスの姿も
見えてきます.

追記 : 最近, コペルニクス『天球回転論』の画期的な全訳が出
版されました.

- 『完訳　天球回転論』(高橋憲一 訳・解説), みすず書房,
  2017.

---

*26　出典 : Nikolaus Reusner, *Icones sive imagines virorum literis illustrium quorum fide et doctrinà religionis & bonarum literarum studia*, Augsburg, 1587. 本書の著者ロ
イスナー (1545 - 1602) はヴィッテンベルクでも学んだ法学者, 出版者. 多作家で,
なかでも当時の著名作家の肖像の木版画を掲載した本書はきわめて興味深い.

第 10 章

シェイクスピアと数学

　2016 年はライプニッツ[*1] 没後 300 年に当たり，雑誌にもライプニッツのことが取り上げられることもよくありました．しかしながら，ライプニッツの名前は今日一般的にはそれほど知られているわけではありません．それに対し昨年が没後 400 年のシェイクスピア（1564~1616）の名前は遥かにポピュラーでしょう．ガリレイと同じ年に生まれ，ライプニッツが生まれたのと同じ年に亡くなったシェイクスピア[*2] は，数学とはおよそ結びつきがないように思えます．シェイクスピアに数学作品はありませんし，今日のシェイクスピア研究者の大半，いやほとんどすべては，数学には関心がなさそうではないかと勝手に想像しています[*3]．しかしシェイクスピアのテクストは時代の数概念を映し出してくれ，数学史的に興味深いのです．今回はその幾つかを取り上げてみましょう．

[*1]　ドイツ語の発音はライブニッツだが，ここでは日本語の慣用に従う．

[*2]　ユリウス暦では，シェイクスピアの洗礼日は 1564 年 4 月 26 日，ガリレイは同年 2 月 15 日生まれ．シェイクスピアの没年は 1616 年 4 月 23 日，ライプニッツが生まれたのは同年 6 月 21 日．なおグレゴリオ暦採用は，イタリアが 1582 年，ドイツが 1700 年，イギリスが 1752 年．

[*3]　2009 年に雑誌で「シェイクスピアと科学」が特集され，7 本の論文が掲載されているが，数学に特化したものはない．*South Central Review* 26 - 1, 2009.

一は数ではない

シェイクスピア『ソネット集』136 に次のような一節があります.

In things of great receipt with ease we prove
Among a number one is reckoned none:
Then in the number let me pass untold,
Though in thy store's account I one must be;
For nothing hold me, so it please thee hold
That nothing me, a something sweet to thee:

既存の和訳を引いておきます.

広い宝庫を使うときには，数あるうちの一つは数のうちに
入らぬことも容易に証明できるさ.
だから，数にまぎらせ，数えないで私を通してくれ.
お前の財産目録のなかでも私は一項目にはなるけど.
私をゼロと見てくれていい，ただ，そのゼロの私が，おま
えにすてきな物だと思ってもらえるのなら *4.

さてここで問題としたいのは，2 行目の "*Among a number one
is reckoned none*" という箇所です.和訳とは異なり「一は数では
ない」ことを意味していると考えられます.また訳注では「一は
数ならずという諺をふまえて」と記されていますが，その出典
は明らかにはされていません *5.『ソネット集』の既存の多くの註
釈では，シェイクスピアに影響を与えたとされるクリストファ・
マーロウ（1564~93）の『ヘーローとレアンドロス』「第一の歌」
（255-6）*6 の，"One is no number"（一は数のうちに入らない）

---

*4　シェイクスピア『ソネット集』（高松雄一訳），岩波文庫，1986，187 頁.

*5　同上，269 頁.

*6　村里好俊「クリストファー・マーロウ『ピアロウとリンダー』訳と注解」，
Kasumigaoka Review 11 (2005), 15-49.　以下の訳文はこの論文より引用.

が，この箇所ではしばしば引用されています．

またマーロウを受け継いで書いたチャップマンの『ヘーローと
レアンドロス』「第五の歌」(335–340) には次の一節が見えます．

And five they hold in most especial prize,
Since' tis the first odd number that doth rise
From the two foremost numbers' unity,
That odd and even are; which are two and three;
For one no number is; but thence doth flow
The powerful race of number.

ここではおそらくピュタゴラス思想の伝統下にあるように，
数 5 は，男とみなす最初の偶数 2 と女とみなす最初の奇数 3 と
の和，つまり結婚であると述べられ，「というのも一は数ではな
い．しかしそこから［数が］流れ出て来る．それは数の強力な水
流」としています．

さらに同じような記述が，時代は下ってドイツ古典主義の代
表者で，詩人で思想家のフリードリヒ・シラー (1759 ~ 1805) の
『ピッコロミーニ』(II, 1) にまで見えます．

五は
人間の魂
人間に善悪が混在しているように，五も
奇数と偶数からなる最初の数 [*7]

ただしこの 18 世紀末にもなると，いくら文学作品とは言え，
もはや「一は数ではない」ということには直接的には触れられて
いません．

以上少ない例ですが，一や数が文学作品の中でどのようにみ
なされてきたかを見てきました．そこでは「一は数ではない」こ

[*7]　"Fünf ist des Menschen Seele. Wie der Mensch aus Gutem und Bösem ist
gemischt, so ist die Fünfe die erste Zahl aus Grad' und Ungerade". この箇所の和
訳はシンメル『数の神秘』（畔上司訳），現代出版，1986, 92 頁より引用．

とが示され，当時このことは一般的な理解であったと考えることができます．『ソネット集』の従来の註釈では，「一は数ではない」という主張が出典の明らかではない諺と捉えられたり [8]，アリストテレス『形而上学』の影響であるとされてきました．

たしかにアリストテレスは「一が数でないということは当然である」（1088 a7）と明確に述べ [9]，このように「一は数ではない」はすでに古代ギリシャではよく知られた概念でした．中世初期のミレトスのイシドルス（生没年不明）は，「数は単位から作られる多である．というのも，一は数の種であり数ではないのであるから」と述べています．一つまり単位は古代中世では，「多の生成元」，「すべての数の根源で数を超越している」などとみなされていたのでした．

16 世紀算術書における "一"

16 世紀ころから印刷術の展開とともに各地で多くの計算術書が出版され出します．そこでもいまだ一は数ではないと述べられています．たとえば 1537 年ドイツの数学者ケーベル（1460~1533）は，『線と数字の二つの小計算書』で「一は数ではなく，すべての数の生成元，始まり，基礎」（*ein gebererin anfang vnd fundament*）であると述べ，計算法を述べた書物にも関わらず，いまだ古代の数概念を継承しているようです．

イングランドではハンフリー・ベイカー（1562~87 活躍）が『科学の泉』（1580）で次のように説明しています [10]．

---

[8] 田村一郎（他）『シェイクスピアのソネット』，文理，1975, 111 頁, 366 頁にもこの諺説が見える．これはレコード『知恵の砥石』（1567）の "One thing is nothing, the proverb is"（B iv）に由来するのかもしれない．

[9] アリストテレス『形而上学』（出隆訳），岩波文庫，1961, 224 頁．

[10] Humphrey Baker, *The Well Spring of Science*, London, 1580, Bi recto.

　　単位をそれ自体で乗ずるか割るかすると，増大することも
　　なくそれ自身となるので，単位は数ではないが数の始原や
　　起源である．しかしその他の点ではそれは数の中に入る．
　　というのも…，単位を同じものに次々と加えていくと連続
　　的に増大できるからである．

　ここでは古代からごくわずかですが一歩進んだ姿が垣間見ら
れます．

　次にウェールズ出身のロバート・レコード（1512 頃~58）は，
英語で書かれた最初の算術テクスト『諸学の基礎』(1543) で，「算
術で用いられるのはただ十個の数字だ．その十個のうちの一つは
何も意味をもたないので o のように書かれ，非公式には Cipher
と呼ばれる．また他のすべての数字もしばしば相応に名付けられ
ている．他の九個の数字は意味をもつ数字と呼ばれる」[11] と述
べ，ここでは 1 も 0 も数とみなしています．この概念を明示的
に体系づけたのがオランダのシモン・ステヴィン（1548~1620）
と言われています．

ステヴィン登場

　彼は『算術』(1585) で次のことを主張しました．

- 1 は数であること
- 数は非連続量ではないこと
- 平方根，立方根などが数であり得ること．それらの根は非合
  理でも異常でも説明のつかない数でもバカげた数でもないこと

　つまり 1 は数であるのはもちろん，平方根も立方根なども数

---

[11]　Robert Recorde, *The Ground of Arts*, London, 1681, p.43. 同じ箇所の欄外
では Cypher という別の綴りが見える．なお *OED* によれば，英語 cypher の初
出は 1399 年（20 巻 802 頁），Zero は 1604 年（3 巻 224 頁）．

であることを謳い上げ，ここに西洋ではようやく初めて新しい
数概念が示されました．ただしステヴィンにおいてはゼロはま
だ数ではありません．

QVE L'VNITE EST
NOMBRE.

PLuſieurs perſonnes voulans traiĉter de quelque
matiere difficile, ont pour couſtume de declairer,
côment beaucoup d'empeſchemens, leuront deſtour-
bé en leur concept, comme autres occupations plus ne-
ceſſaires; de ne ſ'eſtre longuement exercé en icelle eſtu-
de, &c. à fin qu'il leur tourneroit à moindre preiudice
ce enquoi il ſe pourroient auoir abuſé, ou pluſtoſt, cô-
me eſtiment les aucuns, à fin qu'on diroit. S'il à ſceu
executer cela eſtant ainſi deſtourbé, qu'euſt il faiĉt ſ'il en
euſt eſté libre? Nous ſçaurions faire le ſemblable en ce
que

ステヴィン『算術』の「1 は数であること」を述べた箇所の一部.

　後にこれを受け，イングランドの数学書出版者，地図作製者
ジョセフ・モクソン（1627～91）は，英語で初の数学辞典であ
る『数学辞典』（1679）で，数（number）の項目を次のように説
明しています*12.

　　数は単位の集まり，単位から構成された多であると普通は定
　　義されている．したがって一は厳密には数とは言えず，数の
　　始まりなのである．とはいうものの，このことは（一般的に認
　　められてはいるが）疑問であると考える者がいることも私は認
　　める．部分は全体と同一物質からなる．単位は複数の単位の
　　一部である．したがって単位は複数の単位と同一物質から成
　　立する．しかし諸単位の物質や中身は数である．したがって
　　単位の物質は数である．あるいはこうして数が与えられ，同
　　じものから o（数ではない）を引くと，与えられた数が残る．
　　与えられた数を 3 とし，そこから 1 つまり単位（これは言わ
　　れているように数ではない）が取られるとしよう．すると与え

*12 Joseph Moxon, *Mathematics Made Easy, Or, a Mathematical Dictionary*, London, 1692, pp.106‑7.

られた数，すなわち 3 が残ることになるが，これは矛盾する．
しかしこのことはやがてよりよい判断に至るであろう．

　つまり 1 が数でないなら，数である 3 から 1 を引いても，1
は数ではないので相変わらずそのままとなり（3 − 1 ＝ 3），2 と
はならずに矛盾するという論法で，実は 1 は数でなければなら
ないというステヴィンの論法と同じです．しかしこの 17 世紀の
モクソンでも，1 は数であることを断定することには躊躇してい
ることも読み取れます．とは言うもののモクソンは，続けて同
国人の数学者ジョン・ウォリスの主張に言及しています．

　ウォリス博士は『算術』[*13] で次のように言う．「幾何学にお
ける点は算術における（o）に等しい．というのも点は "不可
分" であり，Nul あるいは Cypher もそうであるから」．そし
てさらに「単位（すなわち "1"）が最小の数である」と．〔し
かし〕Null は数であり，点が大きさ（あるいは線など）の始
まりであるのと同様，Null（あるいは Cypher）は数の始まり
である．この意味で単位が数であること（エウクレイデス第
7 巻定義 1，2）は否定されるのである．

モクソン『数学辞典』（1692 年版）の表紙と肖像

[*13]　1656 年の『無限算術』．

　そこでは伝統的な,

　　　点（幾何学）⟺ 1（算術）

という対応関係が,

　　　点（幾何学）⟺ 0（算術）

という対応関係に変更されています.

　ところで上の引用の Null（Nul）や Cypher は今日のゼロを意味し,Cypher はアラビア語 ṣifr の音訳に由来します.ここでモクソンはゼロを示すとき,数字のゼロ 0 ではなく o（アルファベットのオー）を用いています.実際 17 世紀ころまで数字の 0 にはアルファベットの o が代用されていたようです.ちなみにこのフォント o は 9 の次に置かれ,1, 2, …9, o と並べられていたので,今日でもキーボードの 0 は 9 の右隣に来るのだと思われます.

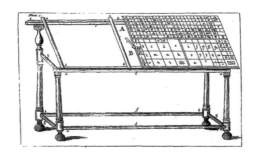

台座に置かれたモクソンの活字.上段に 8, 9, 0 と数字が並んでいる.（出典 :Joseph Moxon, *Mechanick exercises : or, the doctrine of handy-works. Applied to the art of printing*, Vol. 2, London, 1683, 18ᵛ）

　ではこのゼロはシェイクスピアの時代にはどのように理解されていたのでしょうか.

シェイクスピアとゼロ

　まずは『リア王』（1 : 4 . 185）の道化（Fool）のセリフを 18 世

紀版と和訳から引用してみましょう[*14]. O の形にも注意してくだ
さい.

now thou art an O without a figure

いまじゃ掛け値なしもゼロだ[*15].

figure は数字そのもののことで, ゼロは数字ではありません.
実際ゼロが西洋ラテン世界に導入されてから, 数は意味をもつ
9 個の数字と意味をもたない 1 個の記号 (つまり 0) から成ると
みなされていました. このように考えると, 一見 0 は数ではな
いということを示しているようですが, おそらくはそうではな
く, 上の引用は数字単独のゼロ, つまり 10, 20 などのように 0
の左に数字がついていないただのゼロを指しているようです.
　『冬物語』(I, ii, 6-9) では Cypher という単語が登場します.

> *And therefore, like a Cypher (Yet standing in rich place) I*
> *multiply With one we thanke you, many thousands moe, That*
> *goe before it.*

> したがって, ゼロも桁を増やすときは数字を大ならしむよう
> に, 私もいままでのべた何千というお礼のことばに, いま一
> 度「ありがとう」とつけくわえよう[*16].

ここで Cypher はゼロと訳され, それが付くと桁が増えること
が示されています.
　また『ヘンリー五世』(1.0.15-18) のプロローグ冒頭でコーラ

[*14]　William Shakespeare, *The Works of Shakespear. Collated and Corrected by the Former Editions*, by Mr. Pope, vol.3, London, 1725, p.23.

[*15]　シェイクスピア『リア王』(小田島雄志訳), 白水社, 1983, 51 頁.

[*16]　シェイクスピア『冬物語』(小田島雄志訳), 白水社, 1983, 11 頁.

スは次のように歌っています.

O, pardon! since a crooked figure may

Attest in little place a million;

And let us, ciphers to this great accompt,

On your imaginary forces work.

どうかお許しを！　この 0 の数字は数字で言えばゼロですが，末尾につければ百万をもあらわすことができます．そして百万にたいしてゼロのごときわれらは，ひとえに皆様の想像力におすがりするほかありません [17].

ここで a crooked figure（曲がった数字）とはその形からゼロを意味し，それを付けることによってたとえば 10 万を 100 万に変えてしまうことを示しているようです.

次にシェイクスピアと同時代の作家にも耳を傾けてみましょう.

フラッドにおける数

ロバート・フラッドは今日ではすっかり忘れ去られた著作家かもしれませんが，17 世紀イングランドではとても有名な著作家でした．その代表作『大小両宇宙誌』全 2 巻（1617~26）は1000 ページを超える大部な自然に関する神智学的図像百科で，数を述べた箇所（第 2 論考 1 部「普遍算術」）では，数を次のように例をあげて二分類しています [18].

　　[1] 意味を持つ数
　　　　単位（unitas）

---

[17]　シェイクスピア『ヘンリー五世』（小田島雄志訳），白水社, 1983, 11 頁.

[18]　Robert Fludd, *Utriusque cosmi maioris scilicet et minoris metap[h]ysica*… I, Oppenheim, 1617, p.7.

［2］数

単純数

指数（2，3・・・9）
_{ゆび}

関節数（10，20，・・・100，1000 等）

複合数

関節数（1020，603040，60304020，20600）

指数（12，28，67，638，457895）

関節兼指数（1024，6430）

［3］意味をもたない数（o）

フラッド『大小両宇宙誌』第 1 巻表紙

続けて次のような説明がなされています.

- 単位とは，そこからすべての数が導かれ定義される端の数
  で，幾何学における端が点であるようなものである．とい
  うのも，点の流れや列から線が成立するように，単位の集
  まりから数は成立する．

- 算術における単位と幾何学における点とは不可分である．確かに単位が自分自身に掛けられても何も生まず，掛けられないものは決して分割されることはできないので．

　　　　　　　　…

- 意味をもつ数とは，その値が単位か指数を意味する数である．

- 意味をもたない数とは，ciphra のようにそれ自身では何も意味しない数である．

- 指数とは，単位と最初の単純関節数との間にある数で，$2,3,4,5,6,7,8,9$．

- 関節数とは，十で割っても余りのないすべての数で，$10,20,30,40,50,100,1000$．

　　　　　　　　…

- ciphra とは，それ自身では何も意味しないし，あるいは $04,037$ のように何かの数の左側に置かれても何も意味しないが，他方右側に置かれたら，$40,50,240$ のようにその前の数の十倍を示す．

　ここでは単位すなわち 1 と 0 とは別格とされています．他方で点と，0 ではなく単位とを対応させるという点ではウォリスよりも後退しています．このようにステヴィンの提示した新しい数概念は直ちに受容されたわけではなさそうです．1738 年になってもウィリアム・パードンは『新実用算術体系』[19] で 1 が数であることを様々な例をあげて説明しなければなりませんでした[20]．こうして大衆においては，18 世紀になっても 1 は数であることがまだ十分には浸透していなかったことがわかります．

---

[19]　彼とトーマス・ダイクとの共著『新一般英語辞典』（1735）は，少なくとも 17 版まで印刷され，フランス語にも訳された当時人気あった英語辞典.

[20]　William Pardon, *A New and Conpendious System of Practical Arithmetick*, London, 1738, pp.1-3.

　さて次にあげるフラッドのアラビア数字暗記表では，日常的
に馴染みのある同形の物から数字を覚えるという記憶法が紹介
され，この方法はさらにアルファベットの字体にも適用されて
います．子供だましのような絵ではありますが，れっきとした
大人用の百科に収録されているものです．表の上部には，「ロバ
はゼロを意味する．というのも（言われているように）ロバは価
値が無いから」というラテン語が見えます[21]．ゼロは何もないこ
と，無とみなされていたのです．ここでもゼロはアルファベッ
トのオーで示されています．

0	ロバ	
1	すりこぎ，槍	
2	熊手，ハサミ	
3	三脚	
4	方形の帽子，本	
5	楽器，ひょうたん	
6	蒸留器，カタツムリ	
7	斧，大工用定規	
8	メガネ，臀部	
9	カタツムリ，犬の尻尾	
10	槍とロバ	

アラビア数字暗記法とその訳．フラッド『大小両宇宙誌』
第 2 巻，40 頁より．

　文学研究者からみればとんでもない引用法であることを承知

---

[21]　ロバは無能の象徴とされ，エウクレイデス『原論』第 1 巻命題 5 はこの
箇所で学生が学習に挫折したので，西洋中世では「ロバの橋」（pons asinorum）
とも呼ばれていた．本章第 2 章 p.31 も参照．

の上で，シェイクスピアの文章を，文脈や含意する裏の意味を考慮せず分断して見てきました．しかしシェイクスピアの取り上げる内容のみならず表現方法は時代の雰囲気を伝えるという点で，そのテクストには大衆の数感覚が読み取れそうです．シェイクスピアの時代のみならず 18 世紀になっても，いまだ「1 は数である」ということに関して様々議論されていたことがわかるのです [22]．

　最後にとても興味深い一致に触れておきましょう [23]．シェイクスピアによる『ハムレット』中の台詞「生きるべきか，死ぬべきか，それが問題だ」(To be, or not to be: that is the question) はあまりに有名です．また『空騒ぎ』(Much Ado About Nothing) という喜劇の題目もよく知られています．これと同様な言葉を同じ頃メモに書き記した人物がいます．シェイクスピア（1564〜1616）とほぼ同じ頃ロンドンで活躍した数学者ハリオット（1560〜1621）です．ハリオットは，「在ることよりもそうでないことが望ましいのか，私は尋ねる．」(Rogo si tamen præstat nort esse quam esse) というラテン語のメモを残しています (BL Add. MS 64078)．また「空騒ぎ」(much ado about nothing) と

---

[22] 本章は次の短い研究ノートを参考にした．Charles Jones, "'ONE IS NOT A NUMBER': THE LITERAL MEANING OF A FIGURE OF SPEECH", *Notes and Queries*, 1980 August, pp.312-14．なおシェイクスピアのテクストに関しては，コンコーダンスで zero, cypher, unit, one などを参照すればさらに多くの事例が見つかる．またシェイクスピアにおけるゼロは，無や何もないことなどが含意され当時の女性観を示していると，今日の文学批評ではしばしばジェンダー論と合わせて論じられていることを付け加えておく．

[23] 詳細は次を参照．Stephen Clucas, "Tomas Harriot and the field of knowledge in the English Renaissance", in Robert Fox (ed.), *Thomas Harriot: An Elizabethan Man of Science*, Aldershot, 2000, pp.93-136; Joseph Jarrett, *Mathematics and Late Elizabethan Drama*, Cambridge, 2019.

いう言葉も原子論を言及する際に触れています（BL, Add. MS 6785）．二人の間にどのような関係があったのでしょうか．おそらくはシェイクスピアが先行しているとは思われますが，二人の繋がりは研究者の間でも不明です．次章はこのハリオットについて述べることにします．

第Ⅱ部

17世紀

第 11 章

イングランドのデカルト

—— 忘れられた 17 世紀の数学者ハリオット

　数学史は，数学者にどのようにしてアイデアが成立したか，それがどのように展開したか，そしてそれがどのように受容されていったのかを数学者や社会文化を通して検証することを基本とします．もちろん残された資料によっては，必ずしもこれら 3 点すべてが記述できるとはかぎりません．通常はこのうち最初のアイデアの成立が取り上げられることが多く，その際にはそのアイデアを生み出した人物を発見者とします．しかし受容あってこそ，その発見が後世に知られることも事実です．すると受容がなければ結局は知られずに忘れ去られ，その後に影響及ぼすことはないことになります．のちになってその業績が発見された場合，「実はこのアイデアはすでに～によって先んじて発見されていた」という記述となります．このような人物に当てはまる一人がイングランドで活躍した数学者トマス・ハリオット（1560 頃～1621）です．

「イングランドのガリレイ」

　ハリオットは作品をほとんど出版しなかったため，その影響はきわめて限られた範囲にしかありません．しかし彼は数多くのアイデアを生み出しました．いまその幾つかをあげておきましょう．

- ガリレイ（1638）に先立ち，投射体が描く運動を放物線（パラボラ）とした．
- ガリレイに先立ち，望遠鏡で太陽黒点や月面などの天体観測をした．
- スネル（1621 ？）に先立ち，屈折の正弦法則を計算した（1601）
- デカルト（1637）に先立ち，数学記号を確立した．
- トリチェリに先立ち（1640 年代），スパイラルを求長した．
- ネイピアに先立ち，正接の対数を計算した．
- ライプニッツに先立ち，二進法を使用した．

　業績というものはその文脈をもとに評価せねばならないので，以上の発見には様々問題点が指摘できることは留保しておきます．たとえばハリオットを先行者とみなすイングランドのナショナリズムの傾向がなくはないことなどです．以上のなかでも投射体の運動は科学史上重要なので，ハリオットはしばしば「イングランドのガリレイ」と呼ばれてきました．

　このような魅力的な大学者でしたので，とりわけ 1970 年頃の科学史家シャーリーやタンナーの研究以降[1]，多くの英国の数学史家がハリオット研究に取り組んできています．彼らは

Harrioteers（ハリオット信奉者たち）と自称し，ハリオット研究のニューズレターを発行しています．この40年間ほどを見ますと，おそらく英国で最も頻繁に研究対象となった数学者の一人と言えそうです．

最近ではハリオットの全体像に迫る次のような研究論文集も刊行されています．

- Robert Fox (ed.), *Thomas Harriot: An Elizabethan Man of Science*, Aldershot, 2000.
- Robert Fox (ed.), *Thomas Harriot and His World: Mathematics, Exploration, and Natural Philosophy in Early Modern England*, Burlington, 2012.

とりわけ後者には，シェンメル「イングランドのガリレイとしてのハリオット」，さらにヘンリー「なぜハリオットはイングランドのガリレイではなかったのか？」などが含まれ，ハリオット研究の成果に興味が尽きることがありません．

数学ではジャックリーヌ・ステドール（1950～2014）が精力的に研究し，ハリオットのある手稿を『方程式論』として編集しています．彼女は近年亡くなった英国の著名な数学史家で，『Oxford数学史』(共立出版, 2014) の英語版原本の編集者の一人でもありました[*2]．またセルトマンとグールディングはハリオットが没後出版 (1631) したラテン語作品 (後述) を英訳し出版しています．

- Jacqueline A. Stedall, *The Greate Invention of Algebra: Thomas Harriot's Treatise on Equations*, Oxford, 2003.
- Muriel Seltman, Robert Goulding, *Thomas Harriot's* Artis Analyticae Praxis: *An English Translation with Commentary*, London, 2007.

[*2] ステドールの数学史の和訳がある．ステドール『数学の歴史』(三浦伸夫訳), 丸善出版, 2020.

ヴィエト研究者としてのハリオット

　ハリオット自身の研究分野は，数学では，算術，代数学，三角法，幾何学，組合せ論などと広範囲ですが，さらに天文学，光学，力学，錬金術，航海術があります．また少しですが聖書研究なども残しています．まさしく万能のルネサンス人と言えそうですが，それでもハリオットは，自然界を理解しそれを記述する「自然哲学者」というよりも，むしろ数学の技法的側面に関心があったので「数学者」と言えるでしょう[*3]．

　ハリオットの知的関心は以上のように広範囲ですが，もちろん彼自身当時の学界から孤立していたわけではなく，他から多くの影響を受けました．友人や学問愛好のパトロンに恵まれたハリオットは，彼らを通じてヨーロッパ大陸の最新の情報を次々と得ていたのです．オランダからは発明されたばかりの望遠鏡を入手したし，ヨーロッパ大陸で出版された書籍もいち早く目にすることが出来たのです．そのなかにはヴィエトの作品があります．

　フランスのフランソワ・ヴィエト（1540~1603）は今日代数学，三角法，改暦などの研究でよく知られた数学者です．通史では，彼はデカルト前史を飾り，今日の代数記号法はデカルトがヴィエトの記号法を改良して成立したと述べられることがあります．しかしデカルト自身はヴィエトの著作を『幾何学』執筆以前には参照したことはないと述べています[*4]．これはどうしたことでしょうか．

[*3] ただしハリオットの錬金術に関する歴史研究はほとんど未開拓分野なので，今後ハリオット評価もかわるかもしれない．最近の研究は次が詳しい．Stephen Clucas, "Thomas Harriot and the Field of Knowledge in the English Renaissance", in R. Fox (ed.), *Thomas Harriot: An Elizabethan Man of Science*, Adldershot, 2000, pp.93-136.

[*4] デカルトからメルセンヌ宛書簡（1637年12月末），『デカルト全書簡集』第2巻，知泉書房，2014，57頁．山田弘明訳．

　デカルトのこの言い分もあながち虚偽ではないかもしれません．というのもヴィエトの作品は当時きわめて入手困難だったからです．彼の作品は，17世紀のものはパリで出版されましたが，16世紀末の作品はトゥールで出版され，とりわけこちらのほうはその都市以外ではきわめて入手困難であったようです[*5]．したがって，初期の作品はデカルトでさえ参照することができなかったことはありえます．重要な作品にもかかわらず入手困難なことから，デカルト『幾何学』(1637) 出版の後ですが，フランス・ファン・スホーテンはヴィエトの作品を集めてライデンでヴィエト『数学著作集』(1646) として出版したのです．

　ところでハリオットの後輩であり親友にナサニャル・トーパリィ (1564~1632) という数学者がいました．彼はフランスでしばらくヴィエトの秘書をしており，彼を通じてハリオットは早くからヴィエトの作品を知っていたようです．実際ハリオットはヴィエトの作品の大半を詳細に検討し，メモを取っています．とりわけ方程式の具体的数値解法を述べたヴィエト『釈義法による冪の数値解法論』(1600) を，ハリオットは独自の記号法に置き換え，さらに一般化できるように工夫しています．それは手稿の形で残され（1600年以降すぐに執筆），ステドールは『方程式論』と名付けています[*6]．

　ハリオットは『実践解析術』(*Artes analyticae praxis*, 1631) でヴィエトを次のように 評価しています．なおこの作品は表題の最後の単語から後に単に『プラクシス』と呼ばれますので以下ではそう呼ぶことにします．

[*5]　パリで出版された『釈義法による冪の数値解法論』は，今日フランス国立図書館にも見当たらないようだ．

[*6]　ハリオットがヴィエトの作品をどのように読んだかについてはステドールの研究参照．J. Stedall, "Notes Made by Thomas Harriot on the Treatises of François Viète", *Archive for History of Exact Sciences*, 62 (2008), pp.179 - 200.

古代ギリシャの学識豊かな時代以降長期にわたりおざなり
に取り扱われてきた本書の主題である解析術を，かつてない
ほどの努力をして復元に取り組み，注目に値する仕事をなし
たのは，最も卓越したる人物，数理科学に傑出しガリアに
光彩を添えたガリア人フランソワ・ヴィエトである[*7].

ハリオット『プラクシス』表紙
本書には図版もなく，記号ばかりの数学書

ハリオットの記号法

　ハリオットの数学を論ずる場合に面倒なことがあります．彼
は数学上の仕事を生前は公刊していませんが，没後方程式論の
みが『プラクシス』として弟子により出版されました．デカルト
『幾何学』に先行して公刊され，記号を用いて書かれた数学書と
しては最も初期に属する作品です．ところがこの公刊書にはお
びただしい数の誤植などが見出されています．他方，ハリオッ
トの未刊の手稿『方程式論』は，ウォリスなど後代のイングラン
ドの数学者も見ており，刊本と手稿のどちらを取り上げるかで

[*7] Harriot, *Artes analyticae praxis*, London, 1631, i. ただし序文を書いたのはハ
リオットではなく弟子の編集者かもしれない．

ハリオットの歴史上の評価が異なってきます.

　ではハリオットの数学上の業績を『プラクシス』を通じて見て
おきましょう. ここでは数学記号法の考案, そして多項式の因
数分解に限定して取り上げます.

　『プラクシス』は序文の後, 18 の定義があり, おおよそヴィエ
ト『解析術序論』(1591) に倣っているものの, 記号法に関して
両者の違いは次のように比較すると目に見えて明らかです.

ヴィエト [*8]

$$\text{Oporteat } \frac{A \text{ plano}}{B} \text{ addere } \frac{Z \text{ quadratum}}{G}. \text{ Summa erit } \frac{G \text{ in } A \text{ planum} + B \text{ in } Z \text{ quadrat.}}{B \text{ in } G}.$$

ハリオット

$$\frac{ac}{b} + \frac{dd}{g} = \frac{acg + bdd}{bg}.$$

　以上からわかるように, ヴィエトは幾何学に固執し, 次
元を同一にするため分子には平面図形 (planum), 正方形
(quadratum) という単語をつけ加えています. また乗法記号は
なく, 演算にはラテン語前置詞 in を使用しています. ヴィエト
の「正方形 Z に掛けられた B」はハリオットでは bdd に対応しま
す. ヴィエトの記法に比べハリオットの表記はほぼ現代的とい
え, 我々には容易に内容を読み取ることができます. ただしハ
リオットは指数を用いなかったようです.

	平方	立方
ヴィエト	*A quadratus*	*A cubus*
ハリオット	*aa*	*aaa*

ヴィエトとハリオットの表記法

[*8]　Viete, *Opera mathemaqtica*, Leiden, 1646 (rep.Hildesheim, 1970), p.8.

第 1 部ではさらに新しい記号法が加えられていますが，『プラクシス』と手稿『方程式論』とでは形が異なり，また記号は必ずしも統一されているわけではありません．

Comparationis figna in fequentibus vfurpanda.

AEqualitatis ——— *vt a* ——— *b. fignificet a. aqualem ipfi b.*
Maioritatis >—— *vt a* >—— *b. fignificet a. maiorem quam b.*
Minoritatis <—— *vt a* <—— *b. fignificet a. minorem quam b.*

『プラクシス』10 頁の等号と不等号

現代	手稿『方程式論』	『プラクシス』
等号 ＝	⊐⊏	＝＝
不等号 ＞＜	△ △	＞＜

『方程式』と『プラクシス』の記号の比較

　また点，線，円を，・，－，。と表記することもあります．ハリオットはヴィエトに倣い，未知数を母音で，既知数を子音で表記していますが，ヴィエトとは異なり小文字を用いています．次にこれらを用いた方程式解法を見ておきましょう．ハリオットはヴィエト『釈義法による冪の数値解法論』（1600）に見られる解法を新たに記号で示しています．

方程式解法

　ここで解かれるべき方程式は

$$aaa + 95400a ＝＝＝ 1819459$$

です．今日の記号で書けば，$x^3 + bx = c$ のタイプで，次の方程式を論じています．

$$x^3 + 95400x = 1819459.$$

手稿では

$$aaa + dda = xxz$$
$$aaa + 95400a = 1819459$$

と書かれています.

　まず求める解の 10 位の数を 1 と推測し, したがって $a = b + c$ と 置くことが出来ます ($b = 10$). するとそれを $aaa + dda$ に代入展開し, 縦方向に記述すると,

$$\begin{array}{l|l} bbb & +3bbc+3bcc+ccc \\ +ddb & +ddc \end{array}$$

となります. ここでハリオットは具体的数値を扱うと同時に, 記号を用いて一般的に示そうとしています. こうして

$$ddb+bbb = 95500$$
$$ddc+3bbc+3bcc+ccc = 864459$$

となります. 後者において次に解の一位の数 c を推測します. すると $c=9$ となり, こうして解は 19 となるのです. ハリオットが与えているのは次ページの表だけなので, 今これをステドールの解釈にしたがって簡潔に現代表記しておくと次のように書けます [*9].

　推測すると $x = 10+c$ とおける. それを代入し

$$95400c+300c+30c^2+c^3 = 864459.$$

c^3 を無視し, c^3, c^2 を c とみなすと (これはヴィエトの方法と同じ)

$$c = 864459 \div (95400+300+30) \fallingdotseq 9$$

よって

$$x = b+c = 10+9 = 19.$$

[*9] ハリオットの原文と翻訳は Harriot, 1631, *op.cit.*, pp.136 - 37; Stedall, 2003, p.53. 解説は Stedall, *From Cardano's Great art to Lagrange's Reflections: Filling a Gap in the History of Algebra*, Zurich, 2011, p.36.　ヴィエトの原文は Viete, *op.cit.*, p.179.

					b		c
					1		9
				0			9
	1̇	8	1	9̇	4	5	9̇
dd			9	5	4	0̇	0̇
ddb			9	5	4	0	0
bbb			1				
$ddb+bbb$			9	5	5̇	0	0
$ddc+3bbc+3bcc+ccc$		8	6	4̇	4	5	9̇	$c=9$
dd			9	5	4	0	0
$3bb$				3			
$3b$						3	
$dd+3bb+3b$			9	5̇	7	3	0̇
ddc		8	5	8̇	6	0	0̇
$3bbc$				2	7		
$3bcc$				2	4	3	
ccc					7	2	9
$ddc+3bbc+3bcc+ccc$		8	6	4̇	4	5	9̇
		0	0	0	0	0	0

$$x^3+95400x = 1819459 \text{ の計算}$$

136　EXEGETICE NVMEROSA.

Radix aucta
Homogen. residuum resolvendum

Rad. aucta decuplata $b=740$
Divisor
Rad. singularis tertio $c=6$
Ablatitium

Radix vniuersalis complens educta
Homogenei residuum finale.

Lemma.

Exemplum resolutionis,

Aequatio resolvenda ... $\begin{cases} aaa+fff === ggg. \\ aaa+95400. === 1819459. \end{cases}$

Resolutionis

『プラクシス』の記述

　ただし同様な問題と解法とはヴィエト以前にアラビア数学者のシャラフッディーン・トゥーシー（12 世紀）が展開していることを付け加えておきます.

　次に記号を用いた多項式展開を見ておきます [*10].

$$\left.\begin{array}{l} b-a \\ c+a \\ df+aa \end{array}\right| \begin{array}{l} =bcdf+bdfa-dfaa+baaa \\ \quad\;\; -cdfa+bcaa-caaa-aaaa=0000 \end{array}$$

$$\text{Ergo}\quad bcdf= \;\; -bdfa-bcaa-baaa$$
$$+cdfa+dfaa+caaa+aaaa$$

$$a=b$$
$$a=-c$$
$$aa=-df$$
$$a=\sqrt{-df}$$

　これは, a は母音なのでここでは未知数とみなし x とし, b, c, d, f を正とすると, $(b-x)(c+x)(df+x^2)=0$ の展開式を示し, その解が, $x=b$, $-c$, $\sqrt{-df}$ であることを示しています. このように手稿では負の解を認め, さらに虚数解を暗示していますが, そこには残念ながら説明はありません. また次数を合わせるため手稿では右辺が 0000 と 4 桁で表記されていますが, 刊行本の『プラクシス』では一貫して 0 としています. 『プラクシス』には誤植が見られますが, それでも手稿『方程式』よりもより現代に近い記述になっています.

デカルトとハリオット

　デカルトは多項式の因数分解をしばしば利用しますが，その事自体は自分の発見であるとは述べておらず，この方法はすでにハリオットも研究しています．デカルトの記号法は，小文字を使用すること，平方に関しては z^2 ではなく zz と書くことなどにより，ハリオットの記号法と類似しています．

　ではデカルトはハリオットの成果を知っていたのでしょうか．デカルトはホイヘンス宛の書簡（1638 年 12 月）で次のように述べています．

> 　この本［ハリオット『プラクシス』］には幾何学の計算が含まれていて，それが私のものとひどく似ていると人から聞いたので，とても読みたくなったのでした．たしかにそれは本当でしたが，ハリオットは中身について詳しく扱っているとは言えず，多くの紙を費やしている割には私には大して役に立たなかったので，彼が私より先に思い付いたからといって，彼の考えを妬む理由はまったくありませんでした[*11].

　この記述からデカルトはとにかくハリオットの書籍を読んだようですが，それが『幾何学』執筆の前かどうかは明らかではありません．では手稿のほうを読むことは出来たのでしょうか．それについては一言も述べていませんが，デカルトはハリオットとの共通の友人チャールズ・カヴェンディシュ卿（1591 頃 ～1654）[*12] を介し，ハリオットの手稿を直接ではないにせよ見聞きしたことがありうるかもしれません．ハリオットのアイデア

[*11] 『デカルト全書簡集』第 3 巻，知泉書院，2015，147 頁，山上浩嗣訳.

[*12] 日本語ではキャベンディッシュと表記されることもあるイングランドの貴族．同名の人物が多いので注意する必要がある.

は手稿の回覧を通じてすでにイングランドでは広まっていたからです．ただしのちにウォリスは『代数学史』(1685) で，デカルトはハリオットを剽窃したと批判しますが，彼の批判は一般的にお国自慢の傾向があり根拠に欠け，デカルトがハリオットの手稿を見たかどうかの問題は未解決のままです．

　しかしデカルトがハリオットのアイデアを参照したにせよそうでないにせよ，両者には根本的に異なることがあります．ハリオットは数学では代数学を専門とし方程式とその解法を扱い，したがって代数学を幾何学から独立して論じようとしました．他方デカルトは，曲線に代数学を用いて幾何学と代数学との境界を取り払おうとしました．ハリオットは方程式論では幾何学図形はまったく用いず，代数的解法のみに関心があったのに対し，デカルトは数学のその後の進むべき代数幾何学的な方向を示したのです．

トマス・ハリオット

　ハリオットはオックスフォード大学卒業後，探検家ウォルター・ローリーに航海技術者として雇用され，北米探検 (1585~86) に加わりました．そしてハリオット生前唯一の出版書である『ヴァージニア報告』(1588) を残しています[13]．これは入植するために現地の気候，風土，住民，言語を詳細に実地調査した報告書です．驚くべきことにハリオットは，到着後すぐ現地のアルゴンキン語を習得し，通訳として現地人との折衝にあたったとのことです．しかもその言語を表記するため独自の文字記号を案出したといわれています[14]．代数記号創案のハリ

---

[13]　ハリオット『ヴァージニア報告』(平野敬一訳)，『イギリスの航海と植民 2』，岩波書店，1985, pp.301 - 71.

[14]　Robyn Arianrhod, *Thomas Harriot: A Life in Science*, Oxford, 2019, pp.59 - 61.

オットらしい仕事です.

　ローリー投獄後は第 9 代ノーサンバーランド伯ヘンリー・パーシー（1564~1632）のもとで晩年まで働きました. この人物は科学とくに錬金術を愛好し「妖術伯爵」（The Wizard Earl）と呼ばれ, またその蔵書数は当時イングランド一であり, 幸運にもハリオットはそれらを自由に使い, 研究することができたのです. 彼はこのノーサンバーランド伯という素晴らしいパトロンを得て, 数学研究を楽しみ, 当面はその成果を出版する意図はなかったと思われます [*15].

　彼の活躍した 16 世紀末のイングランドでは, まだ数学書を出版することは紙の調達や出版費用の面で, そして数学記号の印刷が手間取る問題で一般的ではありませんでした. 初期の主な数学書の刊行をあげると次のようになります.

　　1557　レコード　『知恵の砥石』
　　1570　ディー　　　『エウクレイデス「原論」』
　　1579　ディッゲス『ストラティオティコス』（数学的戦術論）

　　　　　　16 世紀後半刊行の主な英語数学書

　またハリオットは, 出版後に起こりうる同僚たちからの批判などを危惧してまで出版する意義を見出さなかったのかもしれません. しかもイングランドでは大陸に比べ出版物ではなくまだ手稿で間に合う時代だったようです. こうしてハリオットは自分の時代には出版せずに（多忙や病気の理由もあって）, 没後友人トーパリィに遺稿を託したのです.

　他方フランスにはすでに多くの数学研究者がおり, デカルトはそういった人物たちに『幾何学』で自分の発見を顕示しようと

[*15]　ノーサンバーランドはイングランド北東部だが, 伯爵の邸宅はロンドンにあった.

したのでしょう. さらに『幾何学』はラテン語に翻訳され多くの
読者と批判者を得ることになります. こうしてその後の代数学
の展開はデカルトの伝統のもとにあり, それはイングランドに
まで影響を与え, ハリオットの代数学はウォリスなど一部を除
くとあまり顧みられなくなったのです[16]. 誤りの多い『プラクシ
ス』の出版もかえってハリオットの評価にマイナスに働いてし
まったのかもしれません. 本節の伝達の流れを示すと次のよう
になるでしょう.

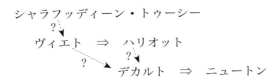

方程式の数値解法または記号法の伝達

　ハリオットの手稿はその後失われたと見なされていましたが,
18 世紀後半に再発見され, 今日では大英博物館に 4000 枚ほど
保管されています. それらはすべてドイツのマックス・プラン
ク研究所のウェブサイトで読むことができます[17]. こうしてハリ
オット研究が英国を離れ, ウォリスによる記述のようなナショ
ナリズムを超え国際的なものになってきたことは喜ばしいことで
す.

---

[16]　イングランドでは, ハリオットの記号法はギブスン (1655), レイボーン (1690),
アンダースン (1693) などに見られるが, デカルトの記号法の影響も大きい.

[17]　http://echo.mpiwg-berlin.mpg.de/content/scientific_revolution/harriot.

第 12 章

多角形数の意外な影響

ニコマコスからフェルマまで

　古代ギリシャ数学の定番といえば，アルキメデス，アポロニオス，エウクレイデスなど多彩な数学者たちです．とりわけ前者 2 名は高等数学を展開し，以降のアラビア数学，そして 17 世紀西洋数学の展開に多大な影響を与えたことはよく知られています．ところが以上の数学者たちと比べて，たとえばゲラサのニコマコスへの評価はかなり劣っています．ギリシャ数学史研究の大家ヒースはその『ギリシア数学史』でゲラサのニコマコスについて次のように述べています．

　数学的にいえば，ニコマコスの論文は（エウクレイデスの論文と違い）ほとんど科学的価値がないわけである．じっさい，ニコマコスは数学者というよりも，むしろ哲学者であったように思われる．かれの目的は明らかに，初学者が，数にふくまれていることの立証されたいっそう明瞭な諸性質を知ることによって数論へ興味をいだくような，通俗論文を書くことであった．しかしかれ自身は，哲学者の関心を

呼んだ数の神秘的諸性質に，いっそうの興味をもっていた．このため，数の最も明白な諸関係を述べるときでさえ，かれは大げさな修辞学的な言葉を使っている．この著作が最初は数学者よりも哲学者に読まれたということを仮定するのでなければ，この著作の成功を説明することはむずかしい（パッポスは明らかに，この著作を軽蔑している）．その後に評判になったのは，数学者がいなくなり，たまたま数学に興味をもった哲学者がいたときである[*1]．

長々と引用しましたが，この評価はその後の数学史記述に大方採用されています．しかし「通俗論文」と手厳しい評価がある一方，ニコマコスの作品は少なからず意外な影響を及ぼすことになり，今回はそれを見ていきましょう．

ニコマコス『算術入門』

ゲラサ（現ヨルダンの町）のニコマコス（100年頃）は四科（算術，幾何，音楽，天文）を哲学的に研究した新ピュタゴラス派の学者です．著作はギリシャ語の『算術入門』がもっとも有名で，後世に多くの註釈を生みました．

本書は2度もアラビア語に訳されました．まずシリア語に訳され，それに基づいて9世紀初期にはハビーブ・イブン・バフリーズが，次に9世紀後半にはアラビア数学初期の大数学者サービト・イブン・クッラがギリシャ語から直接にと．こうしてイフワーン・アッサファーなどの数学にも影響を与えました[*2]．また1317年にはアラビア語訳からカロニモス・ベン・カロニ

[*1] T.L. ヒース『ギリシア数学史』Ⅰ（平田寛訳），共立出版, 昭和34年, 50頁.

[*2] 次の拙文参照「イフワーン・アッサファーの数学」,『現代数学』2017年2月号, 2017, 74-79頁.『文明のなかの数学』に収録.

モス（1286~1328 以後）がヘブライ語に訳しています．西洋中
世ではボエティウスによってラテン語で内容紹介され，大学教
育にテクストとして使用され多大な影響を与えました．ルネサ
ンス期になるといち早くギリシャ語テクストが公刊され（パリ，
1538），ルネサンス思想に与えた影響も少なくありません．
　『算術入門』2 巻のテクストはホヘが刊行し，英語，仏訳もあ
ります．

- Ricardus Hoche（ed.），*Nicomachi Geraseni Pythagorei Introductionis arithmeticae libri II*，Leiptiz，1866．
- M.L.D'Ooge（tr.），*Nicomachus of Gerasa, Introduction to Arithmetic*，New York，1926 [3]．
- J.Bertier（tr.），*Introduction arithmétique*，Paris，1978．

　内容の概説はヒースなどに任せるとして [4]，ここでは第 2 巻第
6 章以降の多角形数について論じた箇所をとりあげます．
　古代ギリシャでは数表記にはギリシャ語のアルファベット数
字が用いられていました．α は 1，β は 2… というようにです．
この方法は「便宜的で，合意が必要で，本質的ではない」とし
て，ニコマコスはこれとは別の考え方を提示しています．たと
えば 2 は β で表すことは便宜的に決めたにすぎず，合意があれ
ば γ でもいいと言うのです．そして次のように続けます．

---

[3] D'Ooge の訳文は次にも収録されている．*Great Books of the Western World* II, Chicago, 1952, pp.805-48. 本書には他にエウクレイデス，アルキメデス，アポロニオスの主著が含まれ，欧米では以上の 3 人と並ぶほどにニコマコスが知られているようだ．

[4] ヒース，上掲書，49-59頁．面白いことに，ヒースは『算術入門』を「科学的価値がない」と評価するわりに，テオドシウス，ヒッパルコスなどに比べニコマコスをかなり詳しく紹介している．なお D'Ooge の英訳所収のカルピンスキーとロビンスの解説が詳しい．

他方，自然で非人工的で，それゆえ最も単純な数の表記法は，各々の中に含まれる単位を次々と並べるというものです．たとえば，アルファ[*5]で単位を書くことにするなら，それが一の記号となり，単位の二つ並び，つまり二つのアルファの列は二の記号となります．三つが線上に並ぶと三の記号で，四には線上の四つの単位，五は五つ等々[*6]．このような記号法や表記法によってのみ上記の平面数，立体数の体系的配列は明らかにかつ確実になるのです．こうして

一	α
二	$\alpha\alpha$
三	$\alpha\alpha\alpha$
四	$\alpha\alpha\alpha\alpha$
五	$\alpha\alpha\alpha\alpha\alpha$

そして以下同様に[*7]．

以上の末尾は印刷初版（1538）では一部次のような記述になって，そこに $\bar{\alpha}, \cdots, \alpha\alpha\alpha\bar{\alpha}$ という表記が見えます．

ニコマコス『算術入門』（1538），44 頁末尾．ギリシャ語省略形が用いられ，また本書に図版はほとんど見られない．

この記数法は実用的ではありませんが，便宜的なものではな

[*5] アルファ（α）は ἀριθμὸς（単位）の頭文字．

[*6] 3 は漢数字やローマ数字では「三，III」のように，「一，I」を 3 つ並置する．しかしその発音は「いち　いち　いち」「tres ters tres」とはしない．多くの言語では記号とその発音とは一致しないようである．

[*7] D'Ooge, *op. cit.*, p.237.

く，数を具体的に図示するという本質的なものであることがよくわかります．ニコマコスはさらに引き続いて「単位」について次のように付け加えています．

> 次に，単位は点の場所と記号とをもち，間隔[*8] の初め，数の初めとなりますが，それ自身は間隔でも数でもありません．それは点が線や間隔の初めであって，それ自身は線でも間隔でもないのと同じです．実際，点が点に加えられても間隔とはならないのです．というのも，大きさをもたないものが大きさをもたない他のものに加えられても，それは大きさをもつことはないからです．それは何もないものに何もないものを加えることを検証するときと同じで，それは何もないものとなるのです[*9].

ここでは数は単位を一つずつ並べていくことで出来上がります．帰納的，具体的に議論が進められていくことになり，一般性をもつ幾何学的証明はありえません．

多角形数[*10]

『算術入門』第 2 巻 8 - 11 章では，三角形数から八角形数までがすべて図形としても表されるということが述べられています．たとえば五角形数は $1, 5, 12, 22, 35, 51, 70 ...$ で，それらは公差が $3 (= 5 - 2)$ のグノーモーン数[*11] $4, 7, 10 ...$ を次々と付

[*8]　διάστημα. 大きさ，広がりを含意する．

[*9]　D'Ooge, *op. cit.*, pp.237 - 38.

[*10]　多角形数（英語　polygonal number）は，多角数，図形数（英語　figurate number）とも呼ばれている．

[*11]　図形に一群の点を加え次の大きさの図形にするその点の数．

け加えることによって作られていきます.

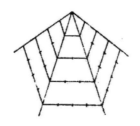

五角形数の作り方を示す図.
辺上の点の線数（1, 5, 12, 22, …）が五角形数となる.*12

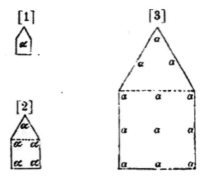

五角形数 1, 1+4=5, 5+7=12（出典：Hoche, *op.cit.*, c.93）.
写本では五角形はこのような図形に描かれることが多い.

　多角形数一般を表記する手立ては当時はまだなく，ニコマコ
スは八角形数までしか述べていませんが，実際はいくらでも続
けて考えることが出来たといえます. いつも角数を「等々とずっ
と増大していける」などと述べているからです.
　そこでは n 角形数に関しては，次のような現代式で表せる理
解があったと考えられます.

---

*12　出典：Ivor Thomas, *Greek Mathematical Works* I, London, 1939, p.89.

グノーモーン数 $= 1+(n-2),\ 1+2(n-2),\ 1+3(n-2)\cdots$ なので，$F(n,k)$ を n 角形数の k 番目の数とすると，総和から，

$$F(n,k) = 1+\{1+(n-2)\}+\{1+2(n-2)\}+\cdots\{1+(k-1)(n-2)\}$$
$$= k+\frac{1}{2}k(k-1)(n-2).$$

ニコマコスは続けて立体に拡張し，多角錐数[*13] にも言及しています．

ニコマコス以降その作品は多くの註釈を生みましたが，どれも同レヴェルの初等的註釈にすぎません．多角形数に限ると，古代から幾つかの作品がそれについて触れてきました．たとえばプラトンの弟子のオプスのピリッポス（前 4 世紀）は『多角形数』（消失）を書いていますし，イアンブリコス，スミルナのテオンなども自著で取りあげています．そしてなかでも異彩を放つのがディオファントスの作品です．

ディオファントス『多角形数』

ディオファントスは出身地もわからずなぞの多い人物ですが，紀元前 2 世紀から紀元後 2 世紀後半までのどこかの時代に生きていたと考えられています．作品は『算術』が有名です．

短編の『多角形数』には著者名が書かれていませんが，そのギリシャ語写本はすべて『算術』の後に付け加えられ，現存最古の写本が書かれた 13 世紀頃には，この作品の著者がディオファントスであることは疑われなかったようです．しかし記述法や内容は『算術』とは根本的に異なります．あえて言えば，『算術』が代数的解析的であるのに対して，『多角形数』は算術を扱いなが

[*13]　多角形数を立体にしたもので，たとえば四角錐数 $(1, 2\times2, 3\times3,$ $\cdots)$ は次々と四角形数を積み上げていく．したがって，$1, 1+2\times2=5$, $1+2\times2+3\times3 = 14,\ 1+2\times2+3\times3+4\times4 = 30,\ \cdots$．つまり $\sum_{k=1}^{n} k^2$ である．

らも幾何学的総合的となるでしょう．その意味ではこの作品が
ディオファントスのものとするには疑念が残ります[14]．

テクストと仏訳は[*15]，

- Tannery, P. L., *Diophanti Alexandrini opera omnia* I-II,
  Lipsiae, 1893-95.（I の pp.450-81）

- Ver Eecke, P., *Diophante d'Alexandrie : Les six livres
  arithmétiques et le livre des nombres polygones*, Bruges,
  1921.（pp.277-95）

さて『多角形数』は，多角形に関する4つの命題と一つの長
い補題からなる未完の断片です．本書はニコマコス『算術入門』
の論述とは異なります．実際，後者では具体的数で個別に一つ
ずつ例示されていく一方，『多角形数』では直線を用いて一般的
に述べられ，幾何学的に証明されています．

次に，超過が同じ，つまり公差 k の算術数列が考察される問
題文を，代数的解釈を註に加えて概観しておきます．

[1.] 三数が互いに同じ大きさだけ超過するとき，最大と中間
の積の八倍と最小の平方との和は，最大と中間の二倍との和
を辺とする正方形を作る[*16]．

[2.] 超過が同じ任意個数の数があるとき，最大と最小の超過
は，与えられた数の個数よりも一だけ少ない数によって掛け

[*14] ディオファントスの作品とするなら，本書には紀元前150年頃活躍したこ
とが知られているヒュプシクレスの名前が登場するので，ディオファントスは
それ以降の人物ということになる．

[*15] 仏訳は次もある．G Massoutié, *Le traité des nombres polygones de Diophante
d'Alexandie*, Macon, 1911. 次の伊訳もあるが未見．Fabio Acerbi, *Diofanto De
polygonis numeris*, Pisa, 2011.

[*16] $x=y+k,\ y=z+k$ とすると，$8xy+z^2=(x+2y)^2$．

られた超過になる *17.

[3.] 超過が同じ任意個数の数があるとき，最大と最小との和が
数の個数に掛けられると，与えられた数の和の二倍となる *18.

[4.] 差が等しい任意の個数の一からの数があるとき，総和が
それらの差の八倍と乗ぜられ，差よりも二だけ小さい数の平
方が加えられると，平方数となる．ただしその辺を二だけ少
なくすると，すべての数の二倍と単位との差が個数と乗ぜら
れたものとなる *19.

そして以上から『多角形数』冒頭に書かれた次を証明しようと
いうのです．

　多角形数と［その角の数に依存した］ある数との積に，［その角の
　数に依存した］ある平方を加えると，平方数となる，というこ
　とが知られている *20.

ディオファントスは証明を途中で中断していますが，『多角形
数』は『算術』同様多くの問題を提起し，こうして 17 世紀に再
び議論されることになります．

もはや余白がない！

　17 世紀のアマチュア数学者フェルマは，バシェ（1581~1638）
がラテン語に訳したディオファントス『算術』（1621）へ所感

---

*17　$x_1, x_2, x_3, \cdots, x_n$ で，$x_{i+1} = x_i + k$ のとき，$x_n - x_1 = (n-1)k$.

*18　$x_1, x_2, x_3, \cdots, x_n$ で，$x_{i+1} = x_i + k$ のとき，$S = x_1 + x_2 + x_3 + \cdots + x_n$ とす
ると，$(x_n + x_1)n = 2S$.

*19　$S \cdot 8k + (k-2)^2 = \{(2n-1)k+2\}^2$.

*20　この文だけでは判然としないが，ヒースの解釈で示すと次のようになる．
$8 \cdot F(n, k) \times (k-2) + (k-4)^2 = \{2 + (2n-1)(k-2)\}^2 = $ 平方数. cf.Heath, *op. cit.*,
pp.253-59. つまり k 番目の n 角形数 $F(n, k)$ が求められることになる．

（observatio）を 48 点残しています＊21．それはフェルマの息子サミュエルが公刊したバシェ版ディオファントス『算術』第 2 版（1670）に収められています．この版には詳細な訳註や付加，さらに新たな定理や補題などが含まれ，もはや訳書というより新たな数学作品と考えたほうが適切です．その意味で，著者をバシェとする『アレクサンドリアのディオファントスの算術』と呼ぶことにします＊22．

バシェ『アレクサンドリアのディオファントスの算術』（1670）所収の『多角形数』冒頭．上部左がバシェ訳．右のギリシャ語フォントは現代とは異なる．下部は註釈．

ところでその所感 2 でフェルマは，「私はそのことのまったく

＊21　フェルマの所感には丁寧な解説付きの和訳がある．足立恒雄『フェルマーを読む』，日本評論社，1986．テクストはフェルマ全集第 1 巻 (pp.291 - 342) に，編集者タヌリによる仏訳は次の『フェルマ著作全集』第 3 巻 (pp.241 - 74) に所収．P.Tannery et Ch. Henry (eds.), *Oeuvres de Fermat* I - IV, Paris, 1891 - 92．なお，ディオファントス『算術』の最初のラテン語訳はクシュランダー（1575）による．そこにも『多角形数』が含まれている．

＊22　ディオファントスの『算術』は，非歴史的に読まれることによって後代の数学に貢献することになる．

驚嘆すべき証明を見つけた．この余白は狭く，それを記すには
役立たない」と延べ，後世に「フェルマの大定理」と呼ばれる遺
産を残したことはよく知られている話です．しかし「余白がない
話」はこれに尽きるものではありません．所感 18 にも「この素
晴らしい命題…の証明を私はここに与えることはできない」と，
余白や時間がないことについて言及しています．しかし「余白
がない話」で最も重要なのは所感 46 です．これはバシェ『アレ
クサンドリアのディオファントスの算術』の末尾に含まれる『多
角形数』にある命題 9 [23] を読んだ感想の一部で，以下のように
フェルマは述べています．

　我々は最も美しく驚嘆すべき命題を発見し，以下に証明抜
きで付け加えておこう．
　単位から始まる自然数列において，任意の数にその隣の
大きな数を掛けると最初の三角形数の二倍となる．その隣の
大きな数の三角形数に掛けると最初の数の三角錐数の三倍
となる．その隣の大きな数の三角錐数に掛けると最初の三角
三角形数 [24] の四倍となる．そしてこのように一様で一般的
方法で無限に行うことができる．
　数においてこれほど美しく一般的な定理を与えることはで
きないと私は思う．余白にその証明を挿入するには余地も何
もない（Cujus demonstrationem margini inserere nec vacat,

---

[23] バシェ版にはバシェによる多くの付加や註が付けられており，ディオファ
ントス本来の 4 命題ではなく命題は 10 まである．命題 9 は，辺が与えられたと
き多角形数を求めること，多角形数が与えられたとき辺を求めることについて．
2 巻にわたる詳細な追加も加えられている．なおバシェ版（1621）の左右の余
白の幅はおよそ 5.2cm と 1.5cm.

[24] triangulotriangulum.

nec licet）[25].

つまり $n \cdot F(n, k) = k \cdot F(n-1, k+1)$ というわけです [26]. この元になったディオファントスのテクストではディオファントス自身この証明を試みてはいますが，途中で中断し，『多角形数』はこの箇所で終わっています．フェルマはこの問題にたいそう興味をもち，1636年にメルセンヌやロベルヴァル宛書簡でも繰り返しています．

　フェルマは所感で「余白がない」とか「驚嘆すべき命題」とかいう感想をしばしば述べており，その箇所を見るとフェルマがどの問題に関心があったかよくわかります．

　さて次に時代を遡り，アラビア数学における多角形数を見ていきましょう．

図形数と組合せ数

　1300年ころの数学者イブヌル・バンナーが「アラビア語単語はいくつあり得るか」という問題を議論したことについて以前触れたことがあります [27]. アラビア語の単語は原則的に3つの子音から成立しており，それをアラビア数学史研究家ラーシェドは次のようにまとめています．

　　要素 p 個から3つ選ぶ組合せは，与えられた数から2引いたものに常に等しいような辺をもつ三角形数の総和によって与

[25] Tannery et Henry, *op.cit*. I, p.341.

[26] ただしこの結果はブリグズが先行していたらしい．cf. ラーシェド『アラビア数学の展開』（三村太郎訳），東京大学出版会，2004, 290頁．ブリグズ『トリゴノメトリア・ブリタンニカ』（1633），20-21頁を指すと思われる．

[27] 拙文「今に生きるマグリブ数学」，『現代数学』50(4), 2017, 69-74頁．『文明のなかの数学』に収録．

　えられ，この三角形数の総和はこの最後の辺の数とその前の
2 数を掛け，その積の六分の一を取ることで得られる，とい
うことをイブヌル・バンナーは思い起こさせてくれる [28].

　つまり

$$_p\mathrm{C}_3 = \sum_{t=1}^{p-2} F(3,t) = \frac{p(p-1)(p-2)}{6}$$

となり，図形数と組合せ数が密接に関係するのです．一般的に
は次のようになります．

$$_p\mathrm{C}_k = \frac{p-(k-1)}{k} \cdot {}_p\mathrm{C}_{k-1}.$$

　その問題に関しての詳細はラーシェドに譲るとして [29]，ここで
は多角形数や多角錐数に触れられている，1600 年ころ活躍したム
ハンマド・イブン・アフマド・ムハンマド（詳細不明）が残した
『計算の学に関する学生用参考書』について述べておきます [30]．た
だしそこでは定式化する発想はなく，ほとんどアラビア語数詞
が用いられ，さらに記号法は用いられていませんが，現代的に
表記すると，n 角形の k 番目の数 $\mathrm{F}(n,k)$ は次のようになります．

$$\mathrm{F}(3,k) = \mathrm{F}(3,k-1) + k$$
$$\cdots\cdots\cdots\cdots$$
$$\mathrm{F}(n,k) = \mathrm{F}(n-1,k) + \mathrm{F}(3,k-1) \quad (n \geqq 4, k \geqq 2).$$

　そして先に述べたニコマコス同様，最終的に次式を帰納的に
理解していたことがわかります．

---

[28]　R.Rashed, *The Development of Arabic Mathematics: Between Arithmetic and Algebra*, Dordrecht/Boston/London, 1994, p.300.

[29]　Rashed, *op.cit.*, pp.287 - 309.

[30]　'*Umdat al-tullāb fī ma'rifat 'ilm al-hisāb*. ハーヴァード大学図書館の
サイトで見ることができる. https://iiif.lib.harvard.edu/manifests/view/drs:
13518906\$144i. （2017 年 3 月 20 日閲覧）

$$F(n, k) = k + \frac{1}{2}k(k-1)(n-2).$$

　話は帰納的に進み，それら多角形数のいくつかが表にされています．それはニコマコスにも見られますので新鮮なものではありません．さらに議論は次の表のように多角錐数にまで進んでいきます．

三角錐数	四角錐数	五角錐数	六角錐数
1	1	1	1
4	5	6	7
10	14	18	22
20	30	40	50
35	55	75	95
56	91	126	161
84	140	196	252
120	204	288	372
165	285	405	525
220	385	550	715

多角錐数の表（グバール数字を算用数字に書き換え，縦横を逆にしておく）

　そこでは，一般的表記を示す記号が発達しておらず言語表現ですが，n角形のk番目の多角錐数$R(n, k)$が次のようになることが理解されていたと推定できます．

$$R(3, k) = \sum_{t=1}^{k} \frac{t(t+1)}{2} = \frac{k(k+1)(k+2)}{6},$$

$$R(5, k) = \sum_{t=1}^{k} \frac{t(3t-1)}{2} = \frac{k^2(k+1)}{2}.$$

　以上をみると，ここでもニコマコスの伝統に繋がります．アラビアではディオファントスの『算術』は翻訳・議論されましたが，それに付随して伝承されたディオファントスの『多角形数』に関しては議論されていないようです．他方ニコマコス『算術入門』は2度翻訳され，議論されています．したがってアラビアでの多角形数はニコマコス系列と考えることができます．アラビア数学では14世紀以降では他にも多角形数に触れた作品がカ

マールッディーン・ファーリシー（？~1320）などに見受けられ
ますが，その議論では代数学が用いられることはありませんで
した．それが独立した新しい数学領域として大展開をもたらす
のは 17 世紀フランスを待たねばなりませんが，両者間のつなが
りは現在のところ不明です．

多角形数から見る数学史

　初期の多角形数論はニコマコス『算術入門』のものが最もま
とまっています．ニコマコスはそのアイデアをそれ以前のピュ
タゴラス学派から得たようで，彼の独創では決してありません．
ところでニコマコスには『算術の神智学』という作品があります
（『算術の神学』と訳されることもある [31]）．この作品は失われて
しまいましたが，それを元にした同名の作者未詳の作品が残さ
れています [32]．そこでは，たとえば，「3（τριάς）は結婚（γάμος）数
である．というのもそれは男性である奇数と女性である偶数の
合体だから」[33] というような，とうてい数学的とは言えない意
味内容を含んだ記述も多々あります．そのためか，その作品が
依存したとされるニコマコス『算術の神智学』も同じような神秘
的内容であったと想像することは可能です．

　しかし同じニコマコスが書いた『算術入門』の方には神秘的記
述はなく，数を単位から一つずつ構成していく原初的数論が見

---

[31] 原題はギリシャ語で，ラテン語ではその音訳 Theologumena arithmeticae
と呼び，Theologia arithmeticae としていない．

[32] Astius, F. (ed.),*Theologumena arithmeticae : ad rarissimum exemplum
parisiense emendatius descripta*, Lipsiae, 1817. 誤ってイアンブリコス（250 頃
-325 頃）作とされることもある．

[33] cf.Astius, *op.cit.*, c.16. 奇数を 1 ではなく 3 から始め，2 と 3 を考え，その
和（5）または積（6）を結婚数とすることもある（プルタルコス『デルポイの
E について』）．

出せます．内容はアルキメデスなどに比べると遥かに初歩的で
はありますが，「これはギリシャ神秘主義の学徒にとっては重要
かもしれないが，現代の数学者にはほとんど関心を呼び起こせ
ない」*34 というわけではありません．この多角形数論の伝統の
中で，数列の和，平方数表記など数論の問題が作り出され，17
世紀西洋のフェルマなどの整数論研究に繋がるからです．さら
に思いがけないことに，アラビアでは多角形数論は組合せの議
論に応用されることもありました．そして 17 世紀にパスカルや
ライプニッツが数学研究を開始したときも同じような議論が見
られるのです．

　古代ギリシャ数学史研究の主たる対象は，算術（ディオファ
ントスなど）と幾何学（アルキメデス，アポロニオスなど）と
に分けられてきました．その両者を繋ぐ図形数そして多角形数
は初等的としてあまり評価されませんでしたが，そこには数論
（約数の個数など）に繋がる面白い題材が数多く含まれ，後代に
様々問題提起をしたのです．

---

*34 ギリシャ数学史家トーマスの見解．Ivor Thomas, *op.cit*., p.89.

第 13 章

ペルの知られざる業績

数学史に登場する人物は，数学論文や著作を何らかの形で書き残し，それを公表しているからこそ後世に知られています．しかし必ずしもそうではない人物もいます．公表せずとも今日よく名前の知られている，優れた，しかしながら奇妙な取り扱い方をされてきた数学者，ジョン・ペルを今回は取り上げます．

ペル方程式

ペルは今日ペル方程式でその名が知られています．それは整数 N, x, y に対して，$x^2 - Ny^2 = 1$ を満たす方程式です．この名称に関しては，後に述べるようにオイラーの誤解によるものであり，実はペルとは関係のない方程式なのです．

西洋でこの方程式を最初に扱ったのはフェルマとされ，1657年2月の書簡で次のように述べています．

非平方数が与えられ，この与えられた数に掛けられ，単位が加えられると平方数を作るような平方数は無限個ある．

例：非平方数3が与えられる．この数が平方数1に掛けら

れ，1 が加えられると 4 となり，これは平方数である[*1].

　フェルマはおそらくディオファントスからこのアイデアを得た
のでしょう．挑戦問題としてこの問題を英国の数学者ウォリスや
初代王立協会会長ブランカー（1620 頃 ~ 84）に送りました．ウォ
リスはそれを自身編集の『ブランカー書簡集』（1658）で言及
し，その後ウォリスは『代数学史』（1685）に掲載しました．そ
して以下で見るように，ウォリスはその作品でしきりにペルの
名前に言及しています．ウォリスのその書を読んだオイラーは，
うっかりこの方程式の起源をペルであると誤解したのでした[*2].
オイラーがその誤解のままゴルトバッハに書簡（1730 年 8 月 10
日）で伝えたことで，ペル方程式という名前が生まれました．
ここで本来のフェルマの名前は消えてしまったのです．フェル
マにもペルにも迷惑な話であります．

　このペル方程式と同様な内容は，すでにインドで，ブラフマ
グプタやバースカラ 2 世（1114~85）などによってかなり詳し
く論じられ，インド数学史の一つの重要なテーマでもあります．
ただしこれらと 17 世紀の西洋数学者とを直接結びつけるものは
知られていません．

生涯と仕事

　ジョン・ペル（1611 頃 ~85）は 17 世紀を生きたイングランド

[*1]　Paul Tannery et Charles Henry (eds.), *Oeuvres de Fermat* II, Paris, p.335. こ
こでは $3 \cdot 1^2 + 1 = 2^2$.

[*2]　オイラーは『ブランカー書簡集』から直接ペル方程式を知った可能性もあ
るが，おそらくはウォリス『数学著作集』に収録されたラテン語訳『代数学史』
が情報源である，とステドールは主張している．Jacqueline A. Stedall, "Catching
Proteus: The Collaborations of Wallis and Brouncker. II: Number problems",
Notes and Records of The Royal Society 54(3), 2000, pp.317-31.

の数学者です．13 歳ですでにケンブリッジ大学・トリニティ・コレッジ（ニュートンが後に数学教授となるコレッジ）に進学し神学を学び，多くの語学（ラテン語，ギリシャ語，ヘブライ語，スペイン語，イタリア語，フランス語，ドイツ語，オランダ語，そしてアラビア語）を習得したようです．このおかげでペルは内外の数学文献に群を抜いて精通することになります．17 歳になると，すでにグレシャム・コレッジ幾何学教授のヘンリー・ブリグズと対数に関して文通をするまでになりました．数学への関心は生涯にわたり続きました．

　ペルはポーランドから亡命していたサミュエル・ハートリブ（1600 頃~62）が中心のサークル*3 と 1628 年頃接触し，その後もプロテスタント関係者たちと関わりをもつことになります．その後オランダのアムステルダムやブレダの学校で数学教師の職を得ました．後者の学校では，後に科学者となるホイヘンスが生徒であったとき，ホイヘンスがしばしば教師であるペルを訪問しましたが，ペルは何も教えてくれなかったとホイヘンスは酷評しています．しかしながらペルにとってはこのオランダの時代が最も充実したときで，ディオファントスの数論などを研究していました．またこの時期，円の求積法を発見した（1644）という 80 歳を超えたデンマークの天文・数学者ロンゴモンタヌス（1562~1647）に反論し（1647），メルセンヌなど多くの数学者らの支持を集めました．

　その後オリバー・クロムウェルの要請でイギリスに戻ると（1652），すぐその使者としてチューリヒに 4 年間滞在することになります．帰国後は聖職に就き神学博士にもなりました（1663）．教区からの収入はあったものの 8 人の子供がいたこともあり貧困が続き，負債が返済できなかったという理由で 2 度

---

*3　ピューリタン革命の時代，ハートリブのもとで学問の発展と生活向上を目指して結束したグループ．

ほど投獄されたこともあります．ペンやインクも事欠くなか数
学研究に没頭し，おそらくは失意のうちに亡くなったと考えら
れます．

　ペルは生涯にわたり数学を研究していましたが，とりたてて
何か重要な定理を発見したとか，数学の発展に貢献したという
ことはありません．また数学に関する出版物も多くはありませ
ん*4．しかしながら 17 世紀数学史を研究するには極めて重要な
人物なのです．それは膨大な量の数学ノートを書き残し，それ
が現存するからです．また当時の著名な学者メルセンヌ，ハー
トリブ，ウォリス，ジョン・コリンズ（1625~83）などとの書
簡も残され，ペルのこれらの書簡を通じて当時の数学界の状況
が今後さらに明らかになる可能性があるからです．書簡やノー
トの大半はブリティッシュ・ライブラリーに未整理のまま保管さ
れています．そのうち，カヴェンディシュ卿との 1641~51 年の
書簡 115 通は次に編纂されています．

　• Noel Malcolm and Jacqueline Stedall (eds.), *John
　Pell (1611–1685) and His Correspondence with Sir
　Charles Cavendish: The Mental World of an Early Modern
　Mathematician*, Oxford, 2005.

　これは 657 頁になる大部な研究書で，冒頭には編集者による
ペルの生涯と数学業績の詳細な研究解説が付け加えられていま
すので，以下ではこれを参考に話を進めていきます*5．

---

*4　ペルの公刊書は 14 点知られ，なかには英訳聖書の単語集などもあります
(1635). cf. Noel Malcolm, "The Publications of John Pell, F.R.S. (1611-1685):
Some New Light and Some Old Confusions", *Notes and Records of the Royal
Society of London* 54, 2000, pp. 275-92.

*5　また次の英国代数学史も適宜参考にした．Jacqueline A. Stedall, *A Discourse
Concerning Algebra: English Algebra to 1685*, Oxford, 2002.

このカヴェンディシュ卿宛以外の書簡は未編集で，編集が望まれるところです．多くの書簡を通じペルは当時すでに数学者として評価され，やがて 1663 年に王立協会会員にも推薦されています．大発見はありませんが，数学に関してはたいへん興味深い仕事をしていますので，それについて触れておきましょう．

まず，『数学の理想』(1638) というハートリブに捧げた小冊子（英語版とラテン語版とがある）です．そこでペルは 3 点を提案しています．

1. 数学者と数学書のカタログの作成
2. 数学書を含む図書館の設立
3. 数学の発見をすべて含む概略書の執筆

どれも実現することはありませんでしたが，とても興味深い提案です．公共サーヴィスを通じてプロテスタント主義のもとで万人に数学を広めようとするものでした．

ペルはハートリブの仲間たちを通じてトマス・ハリオットの作品に出会いました．ハリオットは記号法に優れた代数学者でもあり[*6]，その影響下でペルは次第に代数学の研究に進んでいきます．ペルが関わった作品がありますので，次にそれを見ておきましょう．

『代数学入門』

ペルはチューリヒに滞在したとき，金曜日の夜に数学の個人教授をしていました．その学生の一人でスイス人のヨハン・ラーン (1622〜76) は『ドイツ代数学あるいは代数計算』(1659)

[*6] ハリオットの数学については本書第 11 章を参照．

を出版しています*7．これはドイツ語（正確には高地ドイツ語）初の本格的代数学書で，ラーンはペルの名前を挙げてはいませんがペルの影響下で書かれた作品です．やがて 1668 年にトーマス・ブランカー（1633~76）によって『代数学入門』として英訳出版されます*8．表紙には「D.P. によってかなり変更が加えられ増補された」とありますが，この D.P. とはペル博士を意味します．

　興味深いことにペルの一生のモットーは，名前を出さないことでした．したがって本書はイニシャル D.P. ですが，『数学の理想』のほうには著者名は書かれていません．英訳『代数学入門』は翻訳とはいえかなりペルの手が入り，原本のドイツ語版にもペルの影響が見られますので，この作品はその後「ペルの代数学」とも呼ばれるようになりました．本書出版で出版者と著者ペルが最も議論したのは，なんと内容ではなく，表紙にペルの名前を出すかどうかであったと言われています．

　『代数学入門』は初等的ですが，「3 列配置」による記述方式と，それを容易にするための新たな記号法導入とに特徴があります．

ペルの三列配置

　ここで直角三角形の 3 辺を見出す方法を述べた問題を見ておきます．84 頁（次ページの図参照）の真ん中あたりから始まります．

---

*7　ライプニッツは「代数学の起源，発展，性質について」で，ラーの本書を「洗練された (elegans) 代数学」と称賛している．C.I.Gerhardt (ed.), *Leibnizens mathematische Schriften* Ⅶ, Darmstadt, 1863 (rep. Hiedesheim, 1971), p.214.

*8　この英訳に関しては，ブランカーとペルの間の書簡に基づいた次の研究が詳しい．Christoph J. Scriba, "John Pell's English Edition of J. H. Rahn's *Teutsche Algebra*", R.S.Cohen, *et.al*.(eds.), *For Dirk Struik*, Dordrecht/Boston, pp.261-74．なお Thomas Brancker (1633-76) と William Brouncker (1620 頃 -84) とは，ともに同時代のイングランドの数学者で，綴りは異なるが発音はともにブランカーなので注意が必要．

『代数学入門』84-85 頁．84 頁の左列には@，ω，＊などの目新しい記号が見える．3 行のうち，順に数字の並んだ真ん中が操作順，左が式の変形方法（そこに書かれている数字は真ん中の操作順を示す数），右は具体的な計算結果．

1. $b^2 + c^2 = h^2$.

2. $b + d = h$ と置く（英語 let の文字が見えます）．

3. 2@2. これは 2 の式 $(b + d = h)$ の両辺を 2 乗することで，

$$b^2+2bd+d^2=h^2.$$

4．3式 −1式なので，　$2bd+d^2-c^2=0.$

5．4式 $+c^2$ なので，　$2bd+d^2=c^2.$

6．5式 $-d^2$ なので，　$2bd=c^2-d^2.$

7．6式 $\div 2d$ なので，　$B=\dfrac{c^2-d^2}{2d}$，　同様に $C=\dfrac{b^2-d^2}{2d}.$

ここで÷が登場します．これはすでに『ドイツ代数学あるいは代数計算』に登場していますが，おそらくペルが考案したのでしょう．また@ 2 は平方演算を意味します．等号はすでにロバート・レコードが用いていますが，そこでは == のように長いもので，ペルが今日のような短い＝に変えたのです．

8．今，$B>0$ とすると

9．$\dfrac{c^2-d^2}{2d}>0$ となる．

10．$9*2d$ は $9\times 2d$ なので，$c^2-d^2>0.$

11．$c^2>d.$

12．$11\omega 2$ は 11 の平方根を取ることなので，$c>d.$

次に例で示されます．$c=4, d=2$ とする．平方したり（@ 2），平方根を取ったり（ω 2）すると，$b=3, h=5$ が求まります．c,d を $7,6$，あるいは $80,20$ にしても同様に求めることができます．ここでは不等号記号（>）が初めて見えます．他のところでは□AB が正方形 AB を示すのに使われています．記号@ やωはその後使用されなくなりましたが，÷，<，> は今日でも用いられています．この時代少なからずの英国の数学者は記号を次々と考案し，それらは淘汰され今日に至っています．

三列配置は今日のコンピュータのアルゴリズムと同じで，整然と論理的に計算を進める方法を示しています．したがって英語読者でなくとも理解できるのではないでしょうか．また数字が並んでいるだけですので，見ただけでどこが問題なのかもわ

かるようになっています[9].

　ペルは数に関して興味深い指摘をしています．負の解は negative root と呼んでいます．たとえば $xxxx-4xxxx-19xx+106x-120=0$ では，$x=+4,\ +3,\ +2,\ -5$ を求め，負解を認めています（48頁）.

　他方，虚数解を計算上では求めてはいるのですが，「非合理的で不可能」（unreasonable and impossible）として特別な記号を付けて注意を促しているにすぎません．

　たとえば，$cc+20c=-364$ の場合，

$$c=+\sqrt{-264}-10=\supset\text{I}$$
$$c=-\sqrt{-264}-10=\text{I}\supset$$

のように，$\supset\text{I}$ という記号を付けています．

数表

　ペルの関心は代数学だけではなく数表にも見られ，多くの時間を数表計算に費やしています．このことをステドールは「来る日も来る日も表ばかり」（Nulla dies sine tabula），とうまく言い表しています[10].『代数学入門』末尾には数表のみが50頁にわたって付けられています．それは10万までの数が合成数かどうか，合成数ならその最小の約数は何かを示す表なので，最小因数表ということになります．

---

[9] この三列配置がペルの創案かどうかさらに検証が必要だが，少し似た二列配列法はすでにピエール・エリゴン『数学過程』（1632-37）にも見られる．cf. N. Malcolm and J. Stedall (eds.), *op.cit.*, p.336, n.5.

[10] N. Malcolm and J. Stedall (eds.), *op.cit.*, p.249.

INCOMPOSITS. 33

	640	641	642	643	644	645	646	647	648	649	650	651	652	653	654	655	656	657	658	659
01		7	13	19	P	3	53		P	11	P	P	113	3	17		P	29	3
03		29	13	3	P	P	3	7	89	3	41	P	3	31	17	3	23	59
07		P	3	11	107	3	151	13	3	129	47	3	7	97	P	13	3	P	3
09		11	P		7	29	3	P	P	3	11	7	3	61		P	3	109	P	3	11	17
11		3	61	7	3	41	3	163	P	3	P	3	41	149	3	17	23	3	19
13		P	3	157	73	3	P	P	3	7	139	3	19	P	7	7	P	11	3
17		3	97	P	3	37	7	3	P	3	P	7	11	3	P	3	P	P	3
19		P	3	149	P	7	3	19	3	53	P	3	P	7	3	P	P	3	3

ペル『代数学入門』(1668), p.33.

　表の左縦列は 99 までの奇数 (5 の倍数は除く), 上の横列は 640 から 669 までの数です. それを合わせて 1 行目は, 64001, 64101, …66901 に対応しています. そして例えば, 64601 の欄は p となっており, この数は素数を示します. 他方その左の 64501 の欄は 53 で, これはその数の最小因数が 53 を示しています. 64501 = 53×1217 となるので, 今度は表で 1217 の欄を見ますと p となっており, これで終わりです.

　最小因数表はこれがおそらく歴史上最初のものですが, 相当数の誤植も見受けられます. その後この種の表は作られることがなかったのか, ジョン・ハリスは『レクシコン・テクニクム』という名の科学事典 (1704, 第 2 版 1710) で誤植のまま掲載しています[11].

　ペルは他に対数, 三角関数, 平方, ピュタゴラス数などの数表も作成していますが, 大半は印刷されることはありませんでした. 数表は作成に多大な時間と労力を要し, 他方で出版されなければほとんど意味がないものです. 出版されたのは他に 1 万までの平方表 32 頁 (1672) しかありません. この書物の表紙には, ディオファントス『算術』第 1 巻定義 1 がラテン語訳を付けて引用されています.

---

[11] John Harris, *Lexicon Technicum*, London, 1704; 1710. incomposites の項に掲載. ペルの表は経路は不明だがさらに中国の『数理精蘊』(下, 1723) にも収録されている.

ペルと古典数学

　ペルはトリニティ・コレッジでの学生時代にアラビア語も勉強したようです．後にアムステルダムにいたとき，ドイツ人東洋学者からアポロニオス『円錐曲線論』5~7 巻のアラビア語写本を借り，それをラテン語に翻訳しています[*12]．『円錐曲線論』は 1~4 巻のみがギリシャ語で存在し，それはすでにコンマンディーノ（1509~75）が 1566 年にラテン語に翻訳していました[*13]．その後 5~7 巻のアラビア語訳写本が見つかり，それをペルは借用し，このラテン語既訳にはない 5~7 巻を初めてアラビア語から訳しました．『円錐曲線論』は幾何学を用いて比の形式で書かれていますので，アラビア語の知識はそれほど必要ないとは思います．しかしペルはカヴェンディシュ卿宛の書簡（1644 年 10 月）で，「十分なアラビア語の語学力があるなんて，お笑いになるでしょうし，信じられないでしょう」，と述べています（書簡 23）．ペルの努力は驚嘆に値します．しかし，ペルがこの書簡で引用した第 7 巻命題 1 の箇所を除いて，ペルの翻訳は失われてしまいました．

　その箇所は，ラテン語から訳すと次のように幾分ですが代数的表現になっています．

　　ac が通経（latus rectus）に等しいパラボラがあるとせよ．軸 ad が c まで延長されるとせよ．点 a からパラボラの任意の点を切るような直線 ab を引け．そして点 b から軸 ad に垂線 bd をおろせ．ab の正方形は cd と da で囲まれる矩形

[*12]　その学者はクリスチアン・ラヴィウス（1613-77）で，後に述べるゴリウスの弟子．ラヴィウスはイスタンブールに行ったとき多くの重要なアラビア語写本を持ち帰り，ペルはそのうち 37 点のアラビア語写本を借りている．N. Malcolm and J. Stedall (eds.), op.cit., p.384.

[*13]　1-4 巻はすでにメンモがギリシャ語からラテン語に訳しているが（1537），その後に影響を与えたのはコンマンディーノによる翻訳である．

に等しいことを私は言う.

　というのも（第1巻命題11で）ca と ad で囲まれた矩形は bd の正方形に等しい. それゆえ ca と ad で囲まれた矩形と ad の正方形と［の和］, つまり cd と ad で囲まれた矩形は, bd の正方形と da の正方形との和, つまり ba の正方形に等しくなるであろう. よって ba の正方形は cd と da で囲まれた矩形に等しいのである. 証明終*14.

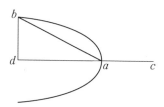

「一辺 *ab* の正方形=*ca* と *ad* で囲まれた矩形」の証明

　ところで当時著名なライデン大学東洋学教授ヤコブ・ゴリウス（1596~1667）が, 異なるアラビア語写本から『円錐曲線論』をラテン語に翻訳することになっており, ゴリウスはペルに翻訳を中断するように書き送っていました. ペルのほうが先に仕上げたにもかかわらず, 翻訳を結局公表せずに終わり, どうやらその間に原稿が紛失したようです. ゴリウスの方はといえば, 翻訳の約束は果たせず, 結局エドモンド・ハリーがアラビア語からラテン語に翻訳出版したのはだいぶあとになっての1710年です*15. ペルの原稿の紛失はとても残念な出来事です.

　ペルは幾何学にはあまり関わらなかったようなので, ペルの数学にどのようにアポロニオスが影響を与えたのか, 興味深い

---

*14　N. Malcolm and J. Stedall (eds.), *op.cit.*, p.386.

*15　ハリーは「ハレー彗星」で有名な人物で,『円錐曲線論』の5-7巻をアラビア語訳からラテン語に翻訳するため, 50歳を超えてからアラビア語を勉強し始め, 訳を完成した. なおハリーがペル訳を利用できたかどうかは不明.

ことです．おそらくは逐語訳と言うよりは，代数記号を用いて「三列配置」によって簡潔に書き直したのではないかと考えられます．すると 19 世紀末のイギリスの数学史家ヒースの手法との類似が指摘できます．ヒースは『円錐曲線論』を代数を用いて簡潔に英訳しているからです（1896）[*16].

　ペルの古代数学の翻訳はそれだけではありません．アルキメデス『砂粒を数える者』も研究し，どうやらその英訳も完成していたようです．残念ながらその訳は現存しませんが，ウォリスがアルキメデスの作品をラテン語訳したときにその訳を参考にしたかもしれません（本書第 17 章参照）．

　ペルはさらにディオファントス『算術』も詳細に研究しています．ルネサンス期に『算術』のギリシャ語写本がイタリアで発見されてから，そのラテン語訳が望まれていました．ようやく 1621 年にメジリアクのバシェがそれを完成し，この版をフェルマが参照したのは有名な話です（本書第 12 章参照）．さらにステヴィンがフランス語で紹介したものが，アルベール・ジラール（1595～1632）の新しい註釈を付けた『ステヴィン数学著作集』(1634) で広く紹介されています．

　さてペルはバシェとジラールの名前に言及しています．おそらくバシェ版の『アレクサンドリアのディオファントスの算術』全体を，ジラール版も参考にして「三列配置」で書き直したのだと思われます．この作業を通じてペルは不定方程式にも関心を抱くようになりました．ペルは 1644 年 8 月カヴェンディシュ卿に，「ディオファントスの新版．既約を訂正し，私の方法で新しく解説を付けた」と述べているからです（書簡 14）．しかも完成原稿が揃い，すでに出版社も決め準備していたということです．

[*16]　ヒースの手法については次の拙文を参照．「アマチュアとしてのギリシャ数学史研究：ヒースのギリシャ数学史記述をめぐって」，『現代数学』51（2018），68-73 頁．『文明のなかの数学』に収録．

しかし出版はされず，この原稿もまた失われてしまいました．ただしペルの原稿を誰かが書き写したとても興味深い原稿がケンブリッジ大学図書館マクルズフィールド・コレクションに残されているそうです*17.

　以上のように，ペルは古典書にも関心を向け，記号代数学を用いてそれらを書き直すという研究を早くから進めていたようです．しかし大半の原稿は消失し，その後あまり影響を与えなかったのは残念です．ペルは古代数学を記号代数学を用いて書き直す方法という，今日しばしば見られる古代数学史研究方法を先取りしていたと言えます．

　17世紀英国のニュートン以前の代表的数学者はウォリスとペルで，この二人の人生は対照的です．ウォリスはペルより5歳年下で，十分には数学教育を受けなかったにもかかわらず，30歳を超えてオックスフォード大学サヴィル幾何学教授（1649）となります．その後数学者として成功を収め，彼の名は今日に至るまで忘れ去られることはありません．ウォリスの『代数学史』（1685）にはペルの影響が至るところ顕著に見えます．

　他方ペルは10代で数学的才能をあらわし，後に王立協会会員に選ばれるものの，英国の大学ではポストを得られませんでした．世俗的名声を捨てて数学研究に励みましたが成果を公表しなかった（できなかった）ため，今日ではペル方程式に，しかも誤解でしか名を留めておらず，ウォリスに比べまだわからないことが多いのです．しかし，残された書簡から当時の英国の数学文化の状況を詳しく知ることができるのはたいへん意義深いことです*18.

---

*17　N. Malcolm and J. Stedall (eds.), *op.cit.*, p.290, n.111.

*18　当時の英国の数学文化を知るには次のウォリスの書簡も参考．Philip Beeley, Christoph J. Scriba (eds.), *Correspondence of John Wallis*, vols.1-4, Oxford, 2003-14.

第14章

メンゴリの記号数学

5世紀の学者プロクロスの『原論』註釈書によると，古代エジプトのプトレマイオス朝の王プトレマイオスが数理科学者エウクレイデスに，幾何学を学ぶのに『原論』よりも短い道はないかと尋ねたところ，エウクレイデスは「幾何学に王道なし」と答えたという．つまり『原論』を初めからコツコツと学んでいくしか幾何学を習得する良い方法はなく，王だけに許される特別な抜け道つまり王道などはないという話です．この逸話は人口に膾炙され今日まで伝えられていますが，エウクレイデスよりも700年後に活躍したプロクロスの述べた話なので，本当のことかどうか確証はありません．

では幾何学に王道はないのでしょうか．ところが幾何学を含む「数学の王道」（via regia ad mathematicas）を述べた書物があります．ずっと後代のイタリアの話ですが，『尊厳たるスウェーデン女王クリスチナ殿下に献上された，算術，記号代数，平面幾何学による数学の王道』（1655）がそれで，以下では『数学

の王道』と呼ぶことにします[*1]. 今回は本書の献上先であるスウェーデン女王クリスチナについて，そしてこの作者メンゴリについて述べることにします.

スウェーデン女王クリスチナ

クリスチナ（1626~89）は 30 年戦争当時のスウェーデン女王（在位：1633~54）で，またスウェーデンの名前をヨーロッパ中に知らしめたグスタフ 2 世・アドルフの娘です[*2]. 学術の愛好家，保護者として著名な女王で，古代ギリシャの哲学者プラトンの理想とする，王たるもの哲学者でなければならないという主張を実践し，哲学を愛好した女王です. また幼少から語学に優れ，数学も学び，13 世紀の天文学者サクロボスコの『天球論』も 12 歳にならずして読んだとされています. パスカルは自身が発明した計算機を献上し（1652），またデカルトも『情念論』を献上しています.

クリスチナが歴史上有名になったのは，自身のプロテスタントからカトリックへの自発的改宗です. 1555 年のアウグスブルクの和議によって，当時は支配者の宗教がその国の宗教を定めていたのでこれは大きな決断でした. こうしてクリスチナはプロテスタントの（ルター派）の国教を守るため女王という地位を捨てることになります. カトリックの総本山ローマに向けスウェーデンを脱出したときの従者は 221 人で，そのうちスウェーデン人はたったの 3 人. インスブルックで正式の改宗式

[*1] 数学には何か簡潔に近づける方法があるはずだという考え方が 17 世紀中頃に生じた. ペトルス・ラムスによる幾何学書の英訳書に付けられたラテン語タイトルは『幾何学の王道』（*Via regla ad geometriam*）であった.

[*2] クリスチナについては次が参考になる. 下村寅太郎『スウェーデン女王クリスチナ：バロック精神史の一肖像』, 中央公論社, 1992.

を終え，イタリアのトリエントを越えボローニャに向かいます．そしてメンゴリによりボローニャ大学で献上されたのが『数学の王道』なのです．

『数学の王道』

　この作品は韻文で書かれ図版はありません．これより100年ほど前にタルターリャが3次方程式代数的解法を韻文で発表しましたが，もはや17世紀には数学作品が韻文で書かれることはほとんどなくなっており，その点では珍しい記述形式の作品です．省略して簡潔に書かれていますので，数学的内容をすでに知っている者でなければ本書を読んですぐに理解するのは難しいでしょう．わずか46頁の3部（算術，代数記号法，平面）からなる小品ですが，興味深い内容を含んでいます．

　最初は算術で，冒頭はゼロから10までの数の呼び方が述べられています．その後，分数や四則，パスカルの三角形[*3]，開平法などが述べられ，最後は対数についてで，そこにはネイピアの名前が見えます．

[*3] はっきりとした表ではないがそのように解釈できる．なおパスカルは死後の1665年に公表し，メンゴリより後である．ただしこの三角形は中世から知られていた．

VIA REGIA
AD MATHEMATICAS
P E R
Arithmeticam , Algebram Spe-
ciofam , & Planimetriam,
O R N A T A
MAIESTATI SERENISSIMÆ
D· CHRISTINÆ
Reginæ Suecorum.
A PETRO MENGOLO
Bononienfis Archigymnasij Mechanico.

BONONIÆ, M. DC. LV.
Typis Hæredis Victorij Benatij. Superiorum permiffu.

『数学の王道』(1655) 表紙. 著者は「ボローニャのアルキジン
ナジオの機械学者」となっている. アルキジンナジオはボロー
ニャ大学の最初の校舎.

興味深いのは次の「記号代数」(algebra speciosa) の箇所です.

　数学者たちの間で記号代数と呼ばれているものが一つある.
その術を用いれば, 質問者に答えられないものはない. あ
るいはもし汝が然りか否かどちらかと尋ねるなら, 真実を
教えてくれる. あるいはもし汝がどれだけかと尋ねるなら,
この術はそれを満足に教えてくれる. 一般数によって適切
な答えを教えてくれるのである. なすこと, なされること,
言われることの方法を証明してくれる. すなわち汝が尋ね
る数はいくつか, 汝が与えることができるのは何か, その
双方が一般的に述べられるのは興味深い[4].

　ここでは詩形式を考慮しないで訳しましたが, 原文が韻を

---

[4]　Mengoli, *Via Regia ad Mathematicas per Arithmeticam, Algebram Speciosam,
& Planimetriam, ornata, maiestati Serenissimae D. Christinae Reginae Suecorum*,
Bologna, 1655, p.19.

踏んでいるため曖昧な表現にはなっています．記号代数は問いに対して答えを出すだけではなく，その理由あるいは証明も与えるということを示しているようです．ここで扱われている記号代数とはフランスのヴィエトが述べた記号計算（logistica speciose）のことなので，フランスとイタリアの間の代数学の移植について見ておきましょう．

イタリアとフランスの代数学

ルネサンス時代のイタリアで，カルダーノとタルターリャが3次方程式の代数的解法をめぐり論争したことはよく知られています．カルダーノがラテン語で書いたこともあり，その代数学書『アルス・マグナ』（1545）はヨーロッパに広まっていきます．タルターリャの数学作品はゴスランなどのフランス語訳を通じてフランスに知られるようになります（1578）．またラファエル・ボンベリのイタリア語作品『代数学』（1572）はラテン語に訳されることはありませんでしたが，その後ライプニッツなども精読し，代数学研究の端緒となりました．以上のように，イタリアの代数学はイタリアを越え移植されていったのです．もちろんドイツ語圏にも移植され，「コス式代数学」という名前で知られるようになりました．

さてフランスの代数学は，やがてヴィエトのいう記号計算によって大きく進展することになります．彼の方法は，未知数のみならず既知数をも記号で示すことが特徴です．未知数は母音かまたはYで，既知数（自由変数）は子音で示されます．ここで彼はスペキエス（形象）と言う言葉を用い，数のみならず幾何学的量も対象としています．したがって代数学のみならず幾何学的問題をも扱えるようになったのです．しかしそこでは未だギリシャの同次法則が支配していました．たとえばヴィエトは，

A quad. B in A 2, aequai Z plano

と半ば文章の形式で書いていますが，これは $A^2 - B \times 2A = Z^2$ を意味し，今日で言えば， $x^2 - 2bx = c$ ということになります．ここではすべての項が同次式になるように，Z は 2 次元の planus（平面）になるようにされているのです．この同次法則は必要ないと新しい記号代数を提唱したのがヴィエトの次のデカルトです．

　さてフランスのヴィエトの作品，そして当時は出版されてはいませんがフェルマの仕事の一部は，早くからイタリアに移植されていました．その伝達に貢献したのはピエール・エリゴン（1580~1643）の百科的数学作品『数学教程』6 巻（1634）で，純粋数学のみならず混合数学をも含む浩瀚な作品です．また広範に学者間の文通をしていたフランスのメルセンヌを通じて，フランスなどの最新の数学がイタリアの数学者達でに知られることになりました．

　ところがデカルトの作品はイタリアにすぐには紹介されなかったようです．あるいは紹介されてもあまり受容されなかったのかもしれません．そこにはイタリアにおけるイエズス会の影響も考えられます．デカルトは確かにフランスのイエズス会の学校で教育を受け，またイエズス会の代表的数学者クラヴィウスの影響を受けてはいます．しかし彼はそこから飛躍し，新たな数学を生み出します．彼の『幾何学』（1637）は，イエズス会で好まれていたエウクレイデス『原論』のような論証数学の形式では書かれていません．代数学そのものが論証をも含んでいるのですが，イエズス会の数学が目指していたのは『原論』的論証なのです．こうしてイタリアでデカルトの『幾何学』が紹介されたのは，すでにデカルトの数学がオランダなどで受容され次の段階に進んでいた 18 世紀であると言われています．

　では次にメンゴリの話に進みましょう．冒頭の『数学の王道』はボローニャ大学教授のメンゴリが執筆したものです．

メンゴリ

　ピエトロ・メンゴリ（Pietro Mengoli, 1625~86）はカヴァリ
エリ（1598~1647）の弟子で，彼の死後若くしてボローニャ大
学の機械学教授職を継ぎ（1648~49），その後算術教授，数学
教授を歴任し，39 年間教授として活躍し生涯を終えます[*5]．数学
教授としてはエウクレイデス，サクロボスコ惑星理論，プトレ
マイオス天文学を，機械学教授としてはアルキメデスの平衡論，
モンテ公グイドバルドの重心論を講じました．講義内容のみか
ら判断すると旧世代の数学者ということになりますが，後に見
るように研究面ではそうではありません．

　17 世紀のボローニャ大学数学教授歴任者は次のようになり，
括弧内は就任期間です．

カタルディ，ピエトロ・アントニオ	（1583~1626）
カヴァリエリ，ボナヴェントゥーラ	（1629~47）
リッチョーリ，ジョヴァンニ・バッティスタ	（1649~65）
モンタナーリ，ジェミニアーノ	（1665~79）
メンゴリ，ピエトロ	（1679~86）
ギリエルミーニ，ジョヴァンニ	（1689~99）

　メンゴリは 1660 年以降には聖職者としてボローニャのマグダ
ラの聖マリア教会の院長も務めていました[*6]．著作活動としては

[*5] 当時のボローニャ大学の教授については次が詳しい．Umberto Dallari, *I Rotuli dei lettori legisti e artisti dello Studio bolognese dal 1384 al 1799* I-IV, Bologna, 1888-1924.

[*6] イタリアの数学者や大学教授に聖職者が多いことは数学史記述において重要で，これについては次が詳しい．アミーア・アレクサンダー『無限小：世界を変えた数学の危険思想』（足立恒雄訳），岩波書店, 2015.

2期に分けることができます[*7].

　1期（1649～59）：純粋数学研究

　　　1650『新しい算術的求積あるいは分数の加法』

　　　1655『数学の王道』

　　　1659『記号幾何学原論』

　2期（1670～82）：混合数学，キリスト教の研究

　　　1670『反射と太陽視差』

　　　1670『音楽の考察』

　　　1672『円』

　　　1674『理性的算術』

　　　1674『算術の定理』

　　　1675『年代』（天文学に基づく聖書年代学）

　　　1675『現実的算術』（論理学）

　　　1681『月』（天文学）

　他に手稿のままの作品もあります[*8]．メンゴリの作品はボローニャで印刷されましたが，その後イタリアを越えて知られ，ロンドンの王立協会を通じてライプニッツが熱心にメンゴリを研究したことの詳細が近年明らかにされました[*9]．

　他方メンゴリは当時フランスで議論されていた数論に関心を寄せていました．その中に次のような式を満たす3数を求める，いわゆる「6平方問題」があります（□はすべて異なる平方数）．

[*7]　Nastasi,P. and Scimone, A., "Pietro Mengoli and the Six-Square Problem", *Historia matehmatica* 21（1994）, pp.10-27.

[*8]　*Notizie degli scrittori bolognesi raccolte da Giovanni Fantuzzi* VII, Bologna, 1788, p.11.

[*9]　Massa-Esteve, M. Rosa "Mengoli's Mathematical Ideas in Leibniz's Excerpts", *Bulletin Journal of the British Society for the History of Mathematics* 32（2017）, pp.40-60.

$$\begin{cases} x - y = \square \, , \; y - z = \square \, , \; z - x = \square \, , \\ x^2 - y^2 = \square \, , \; y^2 - z^2 = \square \, , \; z^2 - x^2 = \square. \end{cases}$$

これはフランスの数学者オザナムが提示した問題で，メンゴ
リは「フランス問題」と呼んでいます．彼は本文 8 頁の小冊子
『算術の定理』(1674) で解は不可能であると述べていますが[*10]，
それが同年にパリで再版されたときオザナムは，$(x, y, z) =$
(2288168，1873432，2399057) という解を説明なく付け加えて
います．

　なおメンゴリの名前は今日「バーゼル問題」に関連してしば
しば言及されています．バーゼル問題とは，スイスのバーゼル
にいたヤコブ・ベルヌーイが研究した，平方の逆数の総和を求
める問題 $\sum_1^\infty \dfrac{1}{n^2}$ で，そこからそのような名前が付いています．
ところがメンゴリが『新しい算術的求積あるいは分数の加法』
(1650) で論じたのは，

$$\sum_1^\infty \frac{1}{n(n+1)} = \frac{1}{2} + \frac{1}{6} + \frac{1}{12} + \frac{1}{20} + \frac{1}{30} + \cdots$$

であり，似てはいますがいわゆるバーゼル問題ではなく，メン
ゴリとバーゼル問題とは直接には関係はありません．

[*10]　詳細は Nastasi, P. and Scimone, A., *op.cit.* を参照．なおこの小冊子には長
いタイトルがつけられている．『神の大いなる栄光のために．算術の定理．それ
らの差が平方で，しかもそれらの平方の差も平方である 3 数を見出すことは不
可能である．1674 年 2 月 17 日に以下のような言葉で提示された問題の解答の
ために．…．ボローニャの機械学者，マグダラの聖マリア教会院長ペトルス・
メンゴルス』．この時期メンゴリの関心が数学から徐々にキリスト教に移ってい
たことがわかる．

Quadrati	1	4	9	16	25
Latera	1	2	3	4	5
Compositi	2	6	12	20	30
Vnitates denomi-natæ compofitis.	$\frac{1}{2}$	$\frac{1}{6}$	$\frac{1}{12}$	$\frac{1}{20}$	$\frac{1}{30}$

『新しい算術的求積あるいは分数の加法』(1650).
$n^2, n, n(n+1), \dfrac{1}{n(n+1)}$ の列が見える.

幾何学的記号

　『数学の王道』ではヴィエト流の代数記号を論じていました
が, その後メンゴリは『記号幾何学原論』(1659) という 6 章
からなる 472 頁の浩瀚な作品を著し,「記号幾何学」(geometria
speciose) という独自の記述形式を提唱します. これはメンゴリ
の主著とされている作品です[*11]. そこでは 2 項式の 10 乗までの
計算, 数列の和, 独自の比例論でエウクレイデスの比例論の拡
張, 対数的比, 対数計算, $y = K \cdot x^m (t-x)^n$ が描く図形の求積
と重心が扱われています[*12]. ただしイングランドの数理科学者バ
ロウが述べた,「メンゴリの形式はアラビア語よりも難しい」とい
う言葉に見られるように,『記号幾何学原論』には独自の記号が
次々と登場し, 読みやすいものではありません. それでも少な
からずの読者を得たことは, 形式を重んじるメンゴリの方式が
厳密で, しかも無限操作に有効であったことを物語ります.
　論証としては次のように説明を続けています. まず議論の動機

[*11] M. Rosa Massa Esteve, "Algebra and Geometry in Pietro Mengoli
(1625~1686)", *Historia Mathematica* 33 (1), pp.82-112.

[*12] ここでメンゴリは代数式で表記しているわけではないが, それは半円
$y = \sqrt{x(1-x)}$ の求積から始め, 自然数のベータ積分を求めている. オイラー
に先立つことおおよそ 70 年である. M. Rosa Massa Esteve, "Euler's Beta
Integral in Pietro Mengoli's Works," *Archive for History of Exact Sciences* 63(2009),
pp.325-56 .

を説明するため当時の数学者の作品に言及し，次に証明のための
仮定（hypoth）を述べ，証明に必要な準備（prepar）をし，しば
しば作図（constr）に言及し，証明（demonstr）が最後に来ます．
証明に用いられる定理番号が欄外に示され簡潔な論述形式です．

　次の図版は，『記号幾何学原論』の定理 4「大なる比からなる合
成比は大で，小なる比からなる合成比は小である」の証明形式
です [*13]．

『記号幾何学原論』（1659）

　101 ページ 1 行目左にある 10.5 はエウクレイデス『原論』
第 5 巻命題 10 を示しています．最後の Quod &c. は Quod erat
demonstrandum（以上が証明すべきことであった）の略記でしょ

[*13]　Mengoli, *Geometriae speciosae elementa*, Bologna, 1659, pp.101-2.

う（&c は etc）.

　次に記号を見ておきましょう.

メンゴリの記号	今日の意味
a ; r : a2 ; ar	$a:r=a^2:ar$
O.a	$\sum_1^{t-1} k$
FO.a	$y=x$, $x=1$, x 軸で囲まれた領域
FO.ar	$y=x(1-x)$ と x 軸で囲まれた第 1 象限の領域

　O.a にある冒頭の O はおそらくラテン語の omnia（すべて）に由来し，また塊（massa）と呼ばれています. これは有限の総和のみならず極限をも示すことがあります. メンゴリは曲線（curva）という言葉を用いずに形（forma）と述べ, FO はおそらく forma omnia（すべての形）の略です. また当時は今日のような座標軸の概念はなかったので，曲線を代数式で示すことはありませんが, 図形を独自の記号で示すことで求積法を一般化しようと目論んだのです. そこでは当時使用されていた単語を使わず次々と新規な用語を用いており, かなり複雑な表記なので，理解するのに苦労します.

$$
\begin{array}{ccccccccc}
 & & & & 1 & & & & \\
 & & & 1(2) & & 1(2) & & & \\
 & & 1(3) & & 1(6) & & 1(3) & & \\
 & 1(4) & & 1(12) & & 1(12) & & 1(4) & \\
1(5) & & 1(20) & & 1(30) & & 1(20) & & 1(5) \\
1(6) & 1(30) & & 1(60) & & 1(60) & & 1(30) & 1(6) \\
1(7) & 1(42) & 1(105) & & 1(140) & & 1(105) & 1(42) & 1(7) \\
1(8) & 1(56) & 1(168) & 1(280) & & 1(280) & 1(168) & 1(56) & 1(8)
\end{array}
$$

　メンゴリによる調和三角形の表. 括弧に入っているのは分母で, 1(3) は 1/3 の意味 [14].

---

[14] 出典：Mengoli, *Circolo*, Bologna, 1672, p.4.

　当時はまだそれぞれの数学者が独自の記号法を採用していました．印刷物がまだ広く普及しておらず標準化が遅れていたからでしょう．記号法に関しては，なかでもエリゴン（『数学教程』1634），オートレッド（『算術の鍵』1648 [*15] は 100 以上の記号を含む），ライプニッツ（200 以上の記号を含む）が様々な記号を考案しています [*16]．しかし彼らの考案した記号の中で今日まで生き延びているものはわずかしかありません．当時は同一人物が同一著作の中で同一演算を異なる記号で書き表すこともあり，統一がとれていませんでした．今日でもたとえば掛け算は $a \times b, ab, a \cdot b$ と，必ずしも 1 つの表現ではなく著者によって様々です．

　エリゴン『数学教程』では冒頭に記号がまとめられています．それによると，今日の比例の記号（:）は π で示されます．したがって次のような表記も見られます．

$$ab \ \pi \ \sin.. \ < \ acb \ 2\big|2 \ be \ \pi \ \sin.. \ < \ cab$$

つまり　　$ab : \sin \angle acb = be : \sin \angle cab$ です．

[*15]　初版は『数と記号を採用した算術』(1631) という別名.

[*16]　次の拙文を参照.「数学記号の歴史：文献紹介を兼ねて」,『現代数学』50(6), 2017, 71 - 6 頁.

219

EXPLICATION DES NOTES.

5<, pentagonum, *pentagone, &c.*

v.5<, latus pentagoni, *le cofté d'vn pentagone.*

v.7<, latus heptagoni, *le cofté d'vn heptagone, &c.*

=, parallela, *parallele.*

⊥, perpendicularis, *perpendiculaire.*

.. eft nota genitiui, *fignifie [de]*

; eft nota numeri pluralis, *fignifie le plurier.*

2|2 æqualis, *egale.*

3|2 maior, *plus grande.*

2|3 minor, *plus petite.*

a,b,u ab { rectangulum quod fit ducta A in B. *le rectangle qui fe fait en multipliãt A par B.*

• eft punctum, *eft vn poinct.*

——, eft linea recta, *eft vne ligne droicte.*

<∠, eft angulus, *eft vn angle.*

⌐, eft angulus rectus, *eft vn angle droict.*

⊙, eft circulus, *eft vn cercle.*

∩, ∪ { eft pars circumferentiæ circuli. *eft vne partie de la circonference du cercle.*

◠, ◡, eft fegmentum circuli, *eft vn fegmêt de cercle.*

△, eft triangulum, *eft vn triangle.*

□, eft quadratum, *eft vn quarré.*

▭, eft rectangulum, *eft vn rectangle.*

◊, eft parallelogrammum, *eft vn parallelogramme.*

◊piped. eft parallelepipedum, *eft vn parallelipipede.*

エリゴン『数学教程』(1634) の記号表の一部．このなかで今
日用いられているのは，⊥，△，□くらい．等しい，大きい，
小さいの記号はそれぞれ 2|2, 3|2, 2|3 で面白い．

　メンゴリは，師であるカヴァリエリ，そしてトリチェリとも
異なる道を進み，またデカルトともまったく別の道を歩みます．
しかしながらその後メンゴリの考えを継承する者はおらず，やが
て微積分学が誕生することもあり，メンゴリの数学は忘れ去られ
てしまいます．ただし求積法などに関してライプニッツに多大な
影響を与え，また論証法などにも独自な形式が見え，この点でメ
ンゴリは歴史上見過ごすことのできない数学者なのです．メンゴ

リは『記号的幾何学』冒頭で次のように述べています[17].

　　アルキメデスの古い形式と我が師ボナヴェントゥーラ・カ
　　ヴァリエリの不可分者の新しい方法，これら双方の幾何学
　　と，ヴィエトの代数学とは，学問の支持者たちにとって十
　　分好ましいとみなされています．そしてそれらの無秩序な混
　　乱や混合からではなく，それらを完全に結びつけることで，
　　我々の記号の仕事にとって何か新しい形が生み出され，それ
　　は皆に注目されることになることでしょう．

　アルキメデスの求積，カヴァリエリの不可分者の方法だけで
はなく，そこにヴィエトの記号計算を結びつけた新しい数学，
しかしその後受け継がれることはなかったメンゴリの数学は，
近年イタリアでようやく再評価が始まったようです．メンゴリ
と交信相手の数学者との書簡集も公刊されていますので[18]，メ
ンゴリの難解な数学内容も徐々に紐解かれていくでしょう．

---

[17]　Mengoli, *Geometriae speciosae*…, p.2.

[18]　G. Baroncini e M. Cavazza（eds.），*La corrispondenza di Pietro Mengoli*,
Firenze, 1986. ただし未見.

第15章

デカルト『幾何学』を巡る数学者たち

　数学を変革する画期的な作品は必ずしも単独でそれを成し遂げるわけではありません．そのような作品はたいてい新しい概念を含み，理解が容易ではなく，すぐに受容されるわけではありません．さらに書かれた言語の問題もあります．多くの人々が理解できる言語で書かれてこそ，広く学術世界で受け入れられる事になります．数学史上有名なルネ・デカルト（1596~1650）の『幾何学』も，難解でしかも当時の学術語であったラテン語ではなくフランス語で書かれており，以上のことが当てはまります．今回はその作品を巡り人々がどのようにしてデカルトが提示した新しい方法を普及させていったかを見ていきます．

デカルト『幾何学』は難解

　『幾何学』は新しい記号法を用い，曲線を代数的に解釈する方法を提示した数学史上革命的な書物であることはよく知られています．400年弱も前に書かれた書籍で，数学史上の古典の一つです．それでもよく読まれた書物というわけではありません．

わかりやすく書かれているわけではないのもその理由です．著者自身は前書きで次のように注意しています．

　　これまで私はすべての人にわかりやすい表現をするように務めてきた．しかし本論文では，幾何学の書物に記されていることをすでに知っている人々にしか読まれないのではないかと思う．というのも，これらの書物はみごとに証明された多くの真理を含んでいるので，それを繰り返し述べることはよけいであると私は考えたが，しかも，それらを使うことはやめなかったからである *1.

　気概のある文章ですが，他方で上から目線の表現で，デカルトの性格が見えてくるような気がします．ともかくも本書の理解には解説書が必要でした．しかもそれは当時の17世紀の学術語であるラテン語で書かれる必要がありました．
　ところで同様なことは同時代の和算の場合にも言えます．関孝和はその主著『発微算法』の序文で次のようなことを述べています．沢口一之『古今算法記』（1671）が提示した遺題（解答を伏した問題）を自分は解いたが，公表しなかった．しかし門弟の勧めもあり出版することにした．ただし，「その演段精微の極に至ては，文，繁多にして，事，混雑せるに依て，之を省略す」，として詳しい説明は省いたというのです．ただしその後すぐ，学者諸賢によって本書が正されることを望むと，少し謙遜の言葉も先の引用に続けて書き加えています．
　歴史を飾る学術内容の普及には有能な弟子や後継者が必要とされるのです．デカルトにはスホーテンによるラテン語解説書，関には建部賢弘『発微算法演段諺解』（1685），そしてガロアに

---

*1　デカルト『幾何学』原亨吉訳，ちくま学芸文庫，2013，6頁.

はリウヴィル編集によるガロア全集が必要とされる所以です.

　ところでデカルト『幾何学』については多くの研究があります
が，日本語の入手可能な基本文献を紹介しておきます.

- デカルト『幾何学』(原亨吉訳)，ちくま学芸文庫，2013. 原
  典からの翻訳と訳者による註釈を含む.『増補版テカルト著
  作集』第 4 巻（白水社, 2001）の『幾何学』の箇所のみ，誤植
  を訂正し解説を付け再版したもの.
- 『デカルト全書簡集』1–8 巻，2016，知泉書房. デカルトの
  書簡と，デカルト宛の関係する書簡を翻訳したもので,「デカ
  ルトは書簡で哲学する」という言葉が適切であることがよく
  わかります.
- 佐々木力『デカルト』，東京大学出版会，2003. デカルトの
  数学思想形成を歴史的に論じたもので，英訳もあります.
- ルネ・デカルト『デカルト　数学・自然学論集』，法政大学
  出版局，2018. デカルトの数学・自然学関係の未邦訳の初
  訳.

デカルト『幾何学』のテクスト

　よく知られているように,『幾何学』は本論『方法序説』の付録
として，そこで述べられた「方法」を具体的に適用するため書か
れたたもので，他に付録として『屈折光学』『気象学』がありま
す. ただしデカルトは 3 点の付録の中でも『幾何学』が重要であ
るとメルセンヌ宛書簡で述べています.

　　私の『幾何学』を理解できるような人はごくわずかであり，
　　それについて私の判断をお知らせすることをお望みですので
　　申し上げます. すなわち,『幾何学』はそれ以上には望みえな
　　いものであって，私は『屈折光学』と『気象学』によって自

分の「方法」が通常のものよりもすぐれていることを説得しようと努めたのみですが,『幾何学』によってそのことを証明したつもりだ, と申し上げるのが適当だと思います*2.

　しかし難解でもあり,『方法序説』のラテン語訳（1644）には『幾何学』だけは含まれていませんでした.

デカルト『哲学の手本』1644. アムステルダムのエルゼヴィエ社出版. これは『方法序説』ラテン語版だが, そこに『幾何学』は含まれていない.

　ここで『幾何学』のテクストの出版状況（17世紀）について確認しておきましょう.

　　1637：『幾何学』フランス語版.『方法序説』と他の付録2編.
　　1649：スホーテンによる『幾何学』ラテン語訳. スホーテンの2論文付.
　　1659~61：1649年のラテン語版をさらに大幅に増補し, 弟

　　　　子たちの論文を付加．2 巻の間に時間が空いたのは，
　　　　スホーテンが 1660 年に亡くなったから．
　1664：『幾何学』フランス語版再版．
　1683：1659~61 版にさらにスホーテンと弟子たちの論文を
　　　　追加
　1699：1683 年版の再版

　こうしてみるとラテン語訳書籍はもはや『幾何学』原典とは別
の新しい作品と見たほうがよいと考えられます．すなわちデカ
ルト『幾何学』ではなく，スホーテン版『デカルト幾何学』です．
ニュートン（1664）もライプニッツ（1673）もこのスホーテンに
よる 1659~61 年の増補版で初めてデカルトの幾何学を勉強した
のです．デカルト自身は，フランス語版出版の後，各方面から
の批判を受けてラテン語による改訂版の必要性を考えていたよ
うですが果たすことはなく，それを実行したのがスホーテンな
のです．しかしこのスホーテンは翻訳したのみというだけでは
ありません．

デカルトの肖像画

　デカルトのよく知られた肖像画があります．ルーヴル美術館
などに所蔵の画家フランス・ハルス（?~1666）の描いたもの
（1648）で，デカルトの肖像画といえばすぐに思い当たるのがこ
れです．しかしハルス自身はデカルトと面識はなく，この肖像
画の元になったのはスホーテンが『幾何学』ラテン語訳 1659~61
年版に準備した肖像画と言われています．その肖像画に関してデ
カルトはスホーテン宛書簡（1649 年 4 月 9 日）で，「それは見事
なものだと思いますが，ひげと衣服はまったく似ていません」と
感想を述べています．肖像画の下にはホイヘンスの詩が掲載され
ていますが，これに関してデカルトは引き続き書いています．

詩もまたきわめて上出来で慇懃なものですが，…「…あなた
の本のはじめに挿入はしない」と言われたお考えに，私は
まったく同意いたします．しかし，万一それを挿入したい
とお考えの際は，1596年3月末日に生まれたペロンの領主
という文句をどうか削除してくださるようお願いします[*3].

　肖像画に関しては，髪型も髭もハルス画のほうがスホーテン
画よりかなり格好良く紳士然として描かれていると思いますが
いかがでしょうか．しかしデカルトの本来の姿はこのハルスの
描いた姿ではなく，スホーテンのものに近いことは確かなようで
す．それというのもスホーテンには画才があり，しかもデカル
トと面識があるからです．

デカルトの肖像画.
左はデカルト『幾何学』1659~61年版口絵の（スホーテン画）で，
デカルト本来の姿に近い．右はルーヴル博物館蔵（ハルス画）

---

*3　『デカルト全書簡集』第8巻，2016，知泉書房，177 - 78頁，山田弘明訳.

　スホーテンの画才が伺えるのはこの肖像画だけではありません[*4]. そもそもデカルト『幾何学』のフランス語版はライデンで出版されましたが, それに含まれる図版を描いたのはこのスホーテンなのです. しかもその図版はそのままラテン語版にも援用されています. しかしスホーテンが描いたのはそれのみではありません. デカルト『屈折光学』の図版も, さらにスホーテン自身が編集したヴィエト『著作集』の図版も彼の手によるものです[*5].

　もちろんスホーテンには画才があるだけではありません. 数学を教えることで糧を得ていたという意味では真の「数学者」でもあり, その両者が見事に合体して『幾何学』のラテン語訳が誕生したと言えるでしょう. ここで数学者スホーテンを見る前にファン・スホーテン家について述べておきます.

ファン・スホーテン家

　フランス・ファン・スホーテンには同名の父親がおり, 親子ともに数学教授で, さらに異母兄弟も同職に就いています. ファースト・ネームをあげておきます.

　　父：フランス（1582 頃 ~ 1645）
　　子（本人）：フランス（1615 ~ 60）
　　異母兄弟：ペトルス（1634 ~ 79）
　　叔父：ヨリス（画家）（1587 ~ 1651）

　スホーテン一族 3 人揃って同じ数学教授職であったのは珍し

[*4] 画家レンブラントの師でもある叔父の画家ヨリス・ファン・スホーテンの影響があるのかもしれない.

[*5] フェルマの著作集も出版する予定であったが, 尊敬するデカルトがフェルマを過小評価していたためそれは実現できなかった.

いことです．数学職に世襲は馴染まず，この場合はそれぞれが数学の才能があり，業績や推薦で教授に採用されたことは間違いありません[6].

　ところでこの時代オランダではどのような人物が数学教授だったのでしょうか．今それを確認しておきます．オランダをはじめ多くの大学には数学教授ポストはきわめて少なかったことがわかります[7].

　ライデン大学の数学教授職は，ルドルフ・スネリウス（1546~1613），その息子のヴィレブロルド・スネリウス（1580~1626），そしてヤコブ・ゴリウスと続きます．他の大学を見ておきますと，フリースランド（北ネーデルランド）にあるフラネッカー大学（1585年創設）は，当初は中世伝来の神学，法学，医学が中心でしたが，やがて学芸学部での数学がきわめて重要視されていく大学です．そこでの数学教授は，実用数学を得意とした多彩な才能を持つアドリアン・メティウス（1527~1607）です．デカルトは1629年にフラネッカーに滞在中メティウスの講義を聴講していた可能性もあります．グローニンゲン大学（1614年創設）ではニコラウス・ムレリウス（1564~1630）が数学教授（医学教授も兼任）ですが[8]，彼はむしろ今日では『トルニ出身のニコラス・コペルニクスの改良天文学』（1617）の出版で知られ，コペルニクス『天球回転論』の第3版に相当し，その標準テクストとして重要で，これはその後長く読まれ続けました．

---

[6] ファン・スホーテン一家については次が詳しい．Jantien Gea Dopper, *A Life of Learning in Leiden: The Mathematician Frans van Schoten* (1615-1660), Veendam, 2014.

[7] この当時のオランダの大学と科学（数学）とは次が詳しい．K.ファン・ベルケル『オランダ科学史』（塚原東吾訳），朝倉書店，2000.

[8] 後に（1695）ヨハン・ベルヌーイが数学教授に就任した．

　ところでスホーテンは，正確に言うとライデン大学数学教授
ではなく，その大学の敷地内で講義が行われた「ダッチ数学」と
いう機関に所属していた教授でした *9.

「ダッチ数学」(Duytsche Mathematique)

　ライデン大学がラテン語でエリートに教育する機関であるの
に対して，「ダッチ数学」は俗語（つまりオランダ語）で大衆に数
学を教授する機関です．詳細はあまりよくわかっておらず，し
ばしば「技術学校」と呼ばれることがあります．本来は軍事技術
者養成のため 1600 年にオラニエ公マウリッツ（1567~1625）が
設立したもので，π の精緻な計算で有名なルドルフ・ファン・
ケウレン（1540~1610）と，ライデンの都市計画で有名なシモ
ン・ファン・メルヴェン（1548~1610）の二人が数学教授とし
て雇用されました．ファン・ケウレンが最初に雇用されたのも，
彼が当時市長や収入役職に就いていたからではなく，しかもラ
テン語が堪能ではないにもかかわらず，軍人にフェンシングを
教える教師として著名だったからかもしれません．彼の個人経
営のフェンシング会館が教育の場に変えられたのです．

---

*9　当時プロテスタント国オランダからカトリックが出ていき，多くのカトリッ
ク教会が空き家となり，大学敷地内のファリーデ・バハイネン教会が「ダッチ
数学」の講義室として使用された．当初「ダッチ数学」はライデン大学とは別
であったが，後に併合された．Duytsche はドゥイッチと発音すると思われるが，
Dutch と結びつきがあるので，ここではダッチと訳しておく．「民衆の」，「オラ
ンダ語の」を意味する diets, duits に由来するので，「大衆数学」，「オランダ数学」
を含意する．

ファン・ケウレン『円の計測』(1619) 表紙の肖像．フェンシング用の剣と，下には 19 桁までの π の値が見える．ファン・ケウレンも，その弟子ヴィレブロルド・スネリウスも π の計算で有名．

　しかしこの二人が 1610 年に亡くなり，ファン・ケウレンの助手をしていたフランス・ファン・スホーテン（父）が空席補充として教授に採用されます．その死後 1646 年に息子のフランス・ファン・スホーテンが終身教授となり，彼が亡くなると異母兄弟のペトルス・ファン・スホーテンがそのあとを継ぐことになります．しかしペトルスの死をもって「ダッチ数学」も終焉します．

　フランス・ファン・スホーテン（子）は教授だった父親から数学を学び，またライデン大学のそばに住み，しかも少し前に創業した出版社エルゼヴィエ[*10] にも近く，抜群の教育環境の中で育ちました．やがてライデン大学に入学し，そこではゴリウス

[*10]　1580 年に設立された家族経営の出版社で，今日のエルゼビア社．

のもとで数学を学びますが，このゴリウスが 1632 年ころスホーテンとデカルトとを引き合わせたようです[*11]．スホーテンは後にグランド・ツアーとしてフランスやイングランドなどに遊学し，フランスの学者たちのド・ボーヌやメルセンヌとも出会うことができ，幅広い交友関係を結び，理想的数学環境にいたということが出来ます．

　「ダッチ数学」では築城論，測量術，日時計学，地図作製法，三角法などが教科で，高等数学ではなく実用数学が基本です．それでも数学の基本，すなわちエウクレイデス『原論』なども用いられ，どちらかというとその証明法よりかは定義や命題の習得が重視されたようです．実際，スホーテン（父）は『原論』15 巻の証明抜きのオランダ語要約を出版しています．ライデンの都市発達とともに「ダッチ数学」の目的も軍事技術者のみの養成ではなくなり，さらに多様な実用数学を教えるようになり，対数，小数計算，代数学，射影法，商業算術なども加わり，その受講者には大工，測量術師，レンガ職人などの実地技術者なども含まれていました．

　ここに高等なデカルト数学の場はありません．ところが当時，公的授業とは別に数学教授による私的講義も広く行われていました．スホーテンも同様で，そこでは個人的に最も関心のあるデカルト数学を教えていたようです．そしてそこに多くの優れた学生が集まることになります．ヨハン・デ・ウィット（1625~72），ヨハネス・フッデ（1628~1704），クリスティアン・ホイヘンス（1629~95），ヘンドリク・ファン・ヘーラート（1633~60 頃）などで，多くは裕福な家系の出身で，少なからずが政治にも関わりましたが，彼らの劇的生涯に関しての詳細は別

[*11] スホーテン（父）はスホーテン（子）の母の死後すぐゴリウスの従姉妹と結婚したので，スホーテン家とゴリウス家とは親戚関係．

の機会に譲ります[*12].

数学者スホーテン

　スホーテンの主著は『数学演習 5 巻』（1657，オランダ語版は 1660）で，各巻は 100 頁からなるかなり大部な作品です．第 1 巻は算術や幾何学の計算問題で，問題 7 は次のような具体的計算問題です．

　　辺 AB が 58.5，BC が 27.3，CD が 50.0，そして AD が 32.0 として知られている四辺形 ABCD の沼地あるいは湿地があり，辺 AD を E まで延長し，DE は 27.5，そして EC は 32.5 となるとき，ABCD の面積を求めること．

　ここで注意したいのは，58.5 は 58,5 ①，50.0 は 50 ⓪ と書かれていること，三角形は△，正方形は□と書かれていること，そして使用するエウクレイデス『原論』の章番号が欄外に示されていることです．ここでは問題のみか，それに付けられた図版に草が描かれ実用数学の雰囲気が醸し出されています．

　第 3 巻「アポロニオス『平面軌跡』復元」は第 1 巻とはうって変わりかなり複雑です．ここでは『原論』を用いて証明しています．たとえば次のような問題 13 です．

　　2 本の平行線 AB, CD が与えられたとき，AB, CD に与えられた角 F,G となるように 2 本の直線 HI, HD が引かれ，IH と HD が作る四辺形が，与えられた領域に等しくなるような点 H を見出すこと．

[*12] 拙文「2 冊の数学史　小説のなかの数学者」，『現代数学』6 (54)，2021，74 - 75 頁．

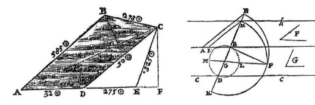

『幾何学演習　5 巻』の問題．（左）I 巻命題 7,（右）III 巻命題 13 [*13]

　なかでも有名なのが，すでに独立して出版され（1646），第 4
巻にも収録された「円錐曲線を平面上に描く道具」です．以上か
らスホーテンの数学は実用から理論まで広い範囲をカバーして
いたことがわかります．

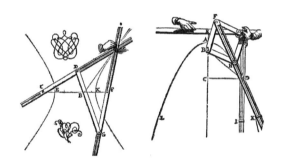

『数学演習 5 巻』第 4 巻の器具を用いた円錐曲線．数学上は意
味はないが，手や花模様が描かれていて面白い

　付録には 14 頁のホイヘンス『サイコロ遊びの理論』が収録され，
これは最初に出版された確率論作品として重要な作品です [*14]．
　スホーテンの弟子たちの作品の幾つかはデカルト『幾何学』ラ

* 13 　Frans van Schooten, *Exercitationem mathematician libri quinque*, Leiden,
1657, p.49, 253.

*14　次を参照．吉田忠「ホイヘンス『運まかせゲームの計算』について」，『統計学』
88 号，2005，1 - 14 頁．

テン語版（1659~61）に収録されています．いまその目次を見て
おきましょう（数字は頁数）．

第1巻（1659）

第2巻（1661）

デカルト『幾何学』ラテン語版（1659~61）目次

　収録論文はどれも秀逸で，最先端の内容をもち，容易に読み
こなせるものではありません．デカルト『幾何学』は円錐曲線が
基準となりますが，デカルトはそれを体系的には説明していま
せん．スホーテンは第2巻の註釈や『数学演習5巻』で，アポ

---

*15　普遍数学（mathesis universalis）は17世紀にしばしば用いられた重要語．
人によって多少意味が異なるが，幾何学と算術を記号法を用いて議論する数学
を指すことが多い．

ロニオスにも言及しながら円錐曲線を体系づけようとしています．こうしてスホーテンはデカルト数学を完成させたのです．

　スホーテンは『幾何学』の翻訳で今日その名前を残していますが，そのラテン語版があってこそデカルトの『幾何学』が受容されたということであれば，単なる翻訳者にはとどまりません．弟子を育てあげ世に出し，デカルト数学の普及に貢献したのです．ただしスホーテンはデカルトの自然学や哲学には関心がなかったようで，その意味ではスホーテンは狭義の「数学者」と言えます．

第 16 章

2人のイエズス会数学者と口絵

17 世紀西洋の数学者といえば，デカルト，フェルマ，さらにニュートン，ライプニッツが先ず思い出されます．しかしこのなかで数学教師であったのはニュートンのみで，しかもそれもごくわずかの期間にすぎません．デカルトを除いて他は皆，他の仕事をもっており，余暇に数学研究を行っていたのでした．ところで今日でいう数学者とは，研究職に就いている者が大半を占め，なかでも数学教師を指すことが多いようです．その今日の基準をあえて適用すると，ニュートンを除いて以上の3人は数学者とは言えないことになります．しかし他方で当時，上記の基準を満たす数学者が少なからずいました．今回は 17 世紀ベルギー[*1] の数学者について述べてみましょう．

アントワープの数学者たち

17 世紀ベルギーの中心地はアントワープ（英語名．オランダ

[*1] 本稿の時代ではベルギーはまだ誕生しておらず，本来はスペイン領オランダであるが，ここでは煩瑣になるのでベルギーとしておく．

語はアントウェルペン．ワロン語はアンヴェルス）です．アント
ワープは 16 世紀には海運業で興隆し，アルプス以北では最大の
都市となりました．長きに渡るオランダ独立戦争（1568~1648）
でオランダが誕生するとアムステルダムのほうが政治や文化の
中心となりますが，それでもアントワープは多くの人口を擁し
た文化都市であることに変わりはありません．1617 年以降その
地のイエズス会の学校では，イエズス会士のみならず一般向け
にも数学が教えられることになり，そこで少なからずの数学者
が生まれました[*2]．たとえば次の人々です．

- ミシェル・コワニエ　　　　　　　　　　（1549~1623）
- フランソワ・ダギヨン　　　　　　　　　（1567~1617）
- グレゴワール・ド・サンヴァンサン　　　（1584~1667）
- シャルル・デッラ・ファイユ　　　　　　（1597~1652）
- フローレント・ファン・ラングレン　　　（1598~1675）
- テオドーレ・モレトゥス　　　　　　　　（1602~67）
- アンドレ・タケ　　　　　　　　　　　　（1612~60）
- アルフォンソ・アントニオ・デ・サラサ　（1618~67）

16 世紀後半から 17 世紀中葉までのアントワープの数学者

　このうち，コワニエ，ダギヨン，サンヴァンサン，ファイユ，
タケ，サラサはイエズス会士で，さらにそのうちの幾人かはア
ントワープのイエズス会学校の数学教師でした．さらに彼らは
ベルギーを離れ，マドリッドやプラハなどでも数学を教えるこ
とになり，アントワープの数学はヨーロッパ中に拡散していき
ます．以上の中で今日最もよく知られているのは，微積分学成
立前史に活躍したグレゴワール・ド・サンヴァンサンです．

[*2]　この時期のベルギーの数学に関しては次が詳しい．Ad. Quetelet, *Histoire
des sciences mathematiques et physiques chez les Belges*, Bruxelles, 1864.

グレゴワール・ド・サンヴァンサン

　彼はブルージュ生まれのイエズス会数学者で，ローマではクラヴィウス（1538~1612）のもとで数学を学び，各地でギリシャ語なども教えましたが，アントワープでは数学を教えています[*3]．弟子にはダギヨン，ファイユ，そしてタケがいます．作品は光学を含め様々で，1 万頁ほどの草稿が残されていますが，彼を今日有名にしているのは『円と円錐の幾何学的方形化』（1647）にほかなりません[*4]．1250 頁にもなる大部な書で，目次だけでも36 頁になります．イエズス会の中で「我らがアポロニオス」と呼ばれ，古代ギリシャの方法を用いて円や円錐曲線の求積を行いました．しかし結果的には間違ってはいるものの，そこで用いられた方法は大変評価され，ホイヘンスやライプニッツに影響を与えました（ただしホイヘンスは間違いを指摘している）．

　ここでは紙幅の関係でその詳細を述べることはせず，ただ数学史通史でよく出てくる第 6 巻の次の 2 つの命題を訳しておくにとどめます[*5]．

　　命題 108：AB，AC を双曲線 DEF の漸近線とし，DH，EG，
　　FC は漸近線 AB に平行で，連比をなすとする．このとき切
　　片 DHGE は切片 EGCF に等しい．

[*3]　許可されなかったものの，中国に宣教に行くことを願い出たこともある．

[*4]　本書命題 727 で，「取り尽し法」の語源となった exhaurietur「取り尽される」という言葉を初めて用いたことで数学史上有名．

[*5]　グレゴワール・ド・サンヴァンサンの数学に関しては，原亨吉『近世の数学』，ちくま文庫，2013 参照．最近グレゴワール・サンヴァンサンとフランダースの数学に関するモノグラフが公刊された．Ad J. Meskens, *Between Tradition and Innovation*, London/Boston, 2021.

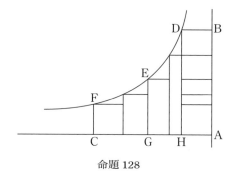

命題 128

命題 129：AB, BC を双曲線 DFH の漸近線とし, DE, FG, HC を漸近線に平行とする．また面 FGCH は面 DEGF に共約不能とする．量 DEGF［S_1］が量 FGCH［S_2］を含むのと同じ回数だけ, DE 対 FG の比［$r_1:1$］は倍加して FG 対 HC［$r_2:1$］の比を含む．

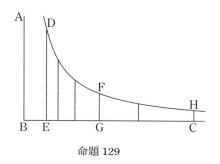

命題 129

　命題 125 でも同じようなことを述べていますが，命題 129 では「同じ回数」は無理数にも適用できることを述べています．つまり，「S_1 と S_2 とが共約不能のとき，$S_1 = mS_2$ ならば，$r_1 = r_2{}^m$」ということを述べているのです．のちにグレゴワールの友人サラサは，双曲線下の図形が対数になることを示すことによって，新たな解析への道を方向づけることになります．

アンドレ・タケ

　当時グレゴワール・ド・サンヴァンサンよりも評価されていたのは，生没地ともにアントワープのイエズス会数学教師アンドレ・タケです．10代後半でイエズス会に入り，ルーヴァンでグレゴワール・ド・サンヴァンサンの弟子に数学などを学び，ルーヴァンとアントワープのイエズス会学校で数学を教えていました．

　タケの作品で最もよく読まれたのは，エウクレイデス『原論』とアルキメデスの作品とを題材とした『幾何学原論』（1654，1665，1672）です．わかりやすく大変よく出来た教科書で，英訳や伊訳もなされ，100年以上も出版され続けました．それのみならず，英国の王立協会会員でもあるギリシャ人啓蒙主義者でギリシャ正教聖職者エウゲニオス・ヴルガリス（1716~1806）によるギリシャ語訳（1805）もウィーンで刊行されました．古代ギリシャ以降国際的に知られた数学者の中では最初のギリシャ人数学者カラテオドリ（1873-1950）の時代までまだ多くの時を要しましたが，この西洋科学受容の啓蒙時代におけるギリシャへの英国とドイツ語圏の関係が薄っすらと感じられます[*6]．

　さてここで興味深いのは，ウィリアム・ホイストン（1667~1752）によるタケの英訳です[*7]．というのもそこには原本にはないエウクレイデスの肖像画が描かれているからで，そこには次のような説明文が付けられています．

[*6] オスマン帝国からのギリシャ独立戦争（1821）では英独の加担があった．

[*7] ウィリアム・ホイストンはケンブリッジ大学のルーカス教授職をニュートンから受け継いだものの，宗教的理由で大学を追放された．

ホイストン訳タケ『幾何学原論』(1728) 口絵

故スウェーデン女王クリスチナ所有の真鍮製のコインから
とられた．エウクレイデスはアレクサンドリアの数学者で，
そこで彼はプトレマイオス・ラゴス治世[*8] のオリンピア紀
元 120 年，ローマ暦 454 年に教えた．彼は音楽と幾何学に
ついて多くのことを書いた．しかし『原論』15 巻（彼はそ
の編纂者にすぎないと通常考えられている）が最も賞賛す
べきである．そのうちの最後の 2 巻はアレクサンドリアの
ヒュプシクレスによるもので，エウクレイデスによるもの
ではない[*9]．

もちろんこの肖像は想像画にすぎませんが，数あるエウクレ
イデスの肖像でも最も見事なものです．

『円柱と円環』の図版

さてタケの主著は『円柱と円環』(1651) で，アルキメデスの方

[*8] プトレマイオス 1 世の父の名ラゴスをとり，プトレマイオス朝はラゴス朝
とも呼ばれた．

[*9] *The Elements of Euclid*, Dublin, 1728. サミュエル・フラー (1700-36) 出
版の口絵から．

法に倣って円形をした様々な図形の表面積や体積を計測していま
す．本書はパスカルがサイクロイドを研究するときに参考にした
とされる書で，また英国の王立協会書記オルデンバークが「最大
の数学書の一つ」と絶賛した数学専門書です．本書によってタケ
は優れた数学者として広く知られるようになりました．『円柱と
円環』第 2 版（1659）には重心に関することが付け加えられ，『タ
ケ数学全集』(1669) に収められているのはこの第 2 版です．

　初版（1651）には次のような見事な口絵が付けられており，興
味深いのでここで詳しく見ておきます．

タケ『円柱と円環』初版（1651）の口絵

　最上部は「このゲンマの環はうまく解かれることはなかった」
という垂れ幕があり，本書の問題が何であるかを示していま

す．ここでの「ゲンマの環」とは図中央の大きな丸い円環で，フリースランド出身の数学者ゲンマ・フリシウス（1508~55）が考案した天文学で用いる円環です．つまり円の計測が従来困難であったことを述べているのです．円環の内部には書名が，『イエズス会のアンドレ・タケ．円柱と円環についての4巻．さらに平面による円の回転についての自然数学的考察』と書かれています．右端の台座から切り落とされた中央に横たわる大きな円柱を二人のケルビム（智天使）が計測し，下にいるケルビムは球を計測しているのでしょう．下には「解かれた」と書かれています．この口絵を上部から目を落としていくと，問題が提示され，本書でそれが論じられ，最後に下部でそれが解かれたと理解できるのです．口絵中央の円の中には「自然数学的」（physiomath[emati]ca）という見慣れない語がありますが，これはおそらく純粋な抽象的考察のみではなく，具体的現物を題材とした，つまり数学の自然学的考察を強調するために付け加えたのではないかと思われます．

イエズス会の数学テクスト

　グレゴワール・ド・サンヴァンサンやアンドレ・タケはイエズス会士数学者で，そのイエズス会はクラヴィウス以来数学教育を重視してきました．数学の論理性，確実性がキリスト教信仰に重要と考えられたからです．したがってイエズス会の学校ではそこで用いられる数学テクストも数多く書かれました．もちろんその数学は確実なる論証数学であり，すなわち取り扱いに当時はまだ問題が残っていた無限小の議論は含みません．

　ところでそれら数学さらには科学のテクストには興味深い特徴があります．まず内容が包括的で大部であることです．500ページを超えるのはザラであり，なかには1000ページを超えるものもあります．片手では持てず，ときとして2巻に分けられ

ていることもあります．これでは教科書とはいえず，今日でな
らさしずめぶ厚い参考書でしょう．より興味深いことは，しば
しば冒頭のページ全体にわたってみごとな口絵が描かれている
ことです．それは書物の内容を象徴的に示しています．キリス
ト教を背景とし，しばしばケルビムや啓蒙的意味での太陽から
の光線が描かれることもあります[10]．

　先にタケ『円柱と円環』の例を見ましたが，『タケ数学全集』
（1669）につけられた口絵も見ておきましょう[11]．

『タケ数学全集』（1669）の口絵

---

[10]　17世紀のイエズス会における科学テクストの中の口絵に関しては次を参
照．フォルカー・レンマート「古代性，崇高性，有用性：近代初期の数学的学
問を描く」（三浦伸夫訳），『Oxford 数学史』，共立出版，2014，483-507頁．

[11]　タケは多くの未刊原稿を残し，それらを集めたものが全集であるが，そこ
には重要な作品『幾何学原論』『理論と実用の算術』は含まれていない．

　右上のワシは「応戦しよう」と書かれた垂れ幕を口にくわえ，
その下に『イエズス会のアントワープのアンドレ・タケの，証明
され応戦された数学全集』とあります．中央から下には数学器
具や天文器具を持った多くのケルビムが見えます．当時の学者
たちが慣れ親しんだ器具がどのようなものかがよくわかります．

　この口絵の中央下には，器具を持ち，ラッパを吹き，『原論』
を指し示している 3 人のケルビムがいます．器具には「ここから
すべてが」(hinc omnia) とか書かれ，『原論』を参照しながらこの
器具で数学全体が理解できることを暗示しているようです．と
ころで図版のこの部分は後にしばしば援用され，下の図のよう
に先に見たエウクレイデスの肖像画を含むホイストン訳の表紙
にも左右反対向きの図版が見えます．

ホイストン訳タケ『幾何学原論』(1728) 表紙．本書にはさらに
タケによるアルキメデス選集も含まれる．

数学図版

　『タケ数学全集』は 1707 年にも刊行され，そこでは 1669 年
版とは収録論文以外に図版も異なります．今度はその口絵を見
ていきましょう．

　向かって左の人物はアルキメデスなのでしょう．円を同面積

の直角三角形へ変換し，それを地面に描いて杖で指し示しています．ここではアルキメデスが方形化を達成できなかった事が暗示されているようです．その様子を左端の人物はメガネを通して真剣に眺めていますし，子供が木に登って観察しています．左真上からの太陽からは神的な光線が発せられ，途中で正方形の枠を通じて地上には円形の光を落としています．その途中は，ホラティウス『書簡集』に由来する「彼は四角のものを丸に変えるとしたら」(mutat quadrata rotundis) [12] と読めます．中央下に横たわる人物が右手に持つホラ貝からは「さらに前に」(plus ultra) と読める吹き出しが見えます．アルキメデスが達成できなかったことを神的霊性を通じてさらに前に進めようというのです．右下の二人のケルビムはそれぞれコインを持っています．その両面には，神聖ローマ帝国創立者コンスタンティヌス・アウグストゥスと，立方体の祭壇の上に球が載せられ「祝福された静寂」と書かれています．さらにケルビムの前には立方体の上に載せられた球が見えます．これは円の方形化が達成されたことを示すのでしょう．

---

[12] ホラーティウス『書簡集』（高橋宏幸訳），講談社学術文庫，2017, 18 頁．第 1 歌第 1 章 100.

『タケ数学全集』(1707) の口絵

　ところで上方の太陽の右には雲らしきものが見えますが，その形は何か不自然です．実際この図版はグレゴワール・ド・サンヴァンサンの口絵（次ページ参照）をいくらか変更を加えて援用したもので，元来はそこにはワシが描かれていました [*13]．それ以外にも両者では中央の書名の上のライオンの絵が異なります．グレゴワール・ド・サンヴァンサンの書物は円の方形化を扱い，その意味でこの口絵はそれにまさしくふさわしいのですが，タケのほうは天文学なども含む全集なので，この口絵は必ずしもふさわしいわけではありません．口絵を描くにはコストがかかり，このような口絵の使い回しは当時よく見られました．グレゴワール・ド・サンヴァンサンの方のタイトルには，『オー

---

* 13　F.Cajori, "A Curious Mathematical Title-page", *The Scientific Monthly*, 14 (1922), pp.294-96.

ストリア問題．さらに前へ．円の計測．著者はイエズス会グレ
ゴワール・ド・サンヴァンサン』と書かれています[14].

　「もっと前へ」とはハプスブルク家のモットーで，もっと前に
進み新大陸までもという意味が込められているようです．中央の
書名を支える2本の柱は，地中海の末端のジブラルタルにあると
された2本の柱を意味しているのかもしれません．地中海を出
て未開の領域大西洋に向かうことを暗示しているのでしょう．

グレゴワール・ド・サンヴァンサン『円と円錐の幾何学的方形
化』(1647) の口絵

---

[14] 描かれたコインの図柄や，口絵右下の円と正方形に見える円の方形化は，
神聖ローマ帝国を象徴的に示すとされ，当時は「オーストリア問題」とも呼ば
れた．レンマート「古代性，崇高性…」参照．

　イエズス会数学者の書物に見られる数学内容は独創的という
わけではありません．他方，今日から見れば独創的数学と言え
る数学は，イエズス会と対立し，次の時代に引き継がれ微積分
学に発展することになる無限小学派の数学です[*15]．それに対して
イエズス会の数学の内容はもっぱら過去に向き，エウクレイデ
スやアルキメデスの数学の教育的解説が中心でした．イエズス
会では代数学の重要性の認識はありましたが，数学的論証を学
ぶには適切ではないと考えられたからでしょう，そこにはほと
んど代数学が見られないのも特徴です．さらに天文学では地球
中心説が支持されています．

　当時のイエズス会における数学は教育を目的とするもので，独
創的研究は必要ないことに注意する必要があります．17世紀中
頃にはイエズス会の学校の数学教育ポストは50ほどあったので
かなりの数です．しかし多くは大学と関係がないものでした[*16]．
その数学教育者は多くの数学書を書いていますが，それがその
後の微積分学の展開に引き継がれることはなく，今日では彼ら
の名前はすっかり忘れ去られてしまったのです．しかし彼らの
数学，そして教育における数学の役割，そして口絵を用いた見
事な表現法は忘れ去るにはあまりにおしい仕事といえるでしょ
う．

[*15]　イエズス会と無限小学派との無限小を巡る対立に関しては，次を参照．ア
ミーア・アレクサンダー『無限小』（足立恒雄訳），岩波書店，2015．両者の対
立が図式的にわかりやすく述べられている．ただし反イエズス会的立場からの
記述であることには注意する必要がある．

[*16]　イタリアはガリレイ以降科学の先導者にはなれなかったけれども，カト
リック下での科学教育は盛んで，そのことは各地の学校に当時の教育用科学実
験器具が多く残されていることからよくわかる．

第 17 章

最初の代数学史の著者ウォリス

---

　17 世紀英国で最もよく知られた数学者といえばニュートン
ですが，当時は彼以外にも多くの数学者が活躍していました．
クリストファー・レン，ウィリアム・ブランカー，ロジャー・
コーツ[*1]，ジョン・コリンズ，そして 17 世紀数学研究の中心
を幾何学から代数学へ移行し，無限列の使用による積分学へ
の道を開いたとして最も特筆すべきなのが，ジョン・ウォリス
（1616~1703）でしょう．今日の数学史ではウォリスは，ウォリ
スの積

$$\frac{4}{\pi} = \frac{3}{2} \cdot \frac{3}{4} \cdot \frac{5}{4} \cdot \frac{5}{6} \cdot \frac{7}{6} \cdots$$

において登場し，また無限の記号 ∞ を初めて使用した（1655）
として記憶に留められているにすぎません．しかし彼は，数学
のみならず音楽論，英語学，神学，論理学，図書館学，天文
学，博物学，暗号学，潮汐論など多くの分野で仕事を残し，当
時たいへんよく知られた数学者だったのです．

[*1]　次の拙文参照．「ロジャー・コーツ」，『現代数学』52 (1)，2019，2 頁.

ウォリスの肖像

　深紅色のガウンをまとった，ルネサンス風の優雅な出で立ちを描いた晩年のウォリスの肖像画は，1702年にサミュエル・ピープスの依頼で宮廷画家が描いたものです[*2]．ウォリス86歳のときの姿ですが，とても若々しく見えます．ここで彼の右手後ろにあるテーブルの上の品物に注意してみましょう．

ウォリスの肖像（模写）

　金の鎖付きメダルと献呈の辞，分厚い書物，そしてテーブルから垂れ下がった1枚の図版．通常肖像画に補助的に描かれる表徴は，その人物に最もふさわしいものと相場が決まっています．では以上の3つは何か．英国の数学史家フィリップ・ビーリによると，メダルはブランデンブルク選帝侯フリードリヒ3

[*2]　これは British Portrait のサイトで見ることができます．
　http://www.britishportraits.org.uk/
　　　wp-content/uploads/2013/10/Annette-1-jpg.jpg．（2018年3月4日閲覧）

世から授与されたものとのことです[*3]．ウォリスは彼のために暗
号解読をし，褒美としてメダルが授与されたのです[*4]．分厚い書
物はウォリス『数学全集』第2巻（1693）です．そして三つ目
は，その全集に含まれた作品『代数学史』にある双曲線の図版の
ようです．

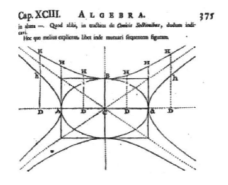

ウォリス『代数学史』（1693）93 章に見える双曲線

　ウォリスは多くの作品を残していますが，なぜそのなかから
『代数学史』の図版（上記の図）が選ばれたのでしょうか．それ
は『代数学史』が彼の自信作であり，また当時イングランドで
は大変評価され，その後長期にわたり読み継がれたからのよう
です．たしかに彼の数学作品には数学的に重要な『無限算術』
（1656）があります．それはカヴァリエリの幾何学的方法を算術
化し，分数次数の式の求積も扱えるようにし，後の積分法確立

[*3]　Philip Beeley, "The Progress of Mathematick Lerning: John Wallis as
Historian of Mathematics", B. Wardhaugh (ed.), *The History of the Hisotry of
Mathematics*, Bern, 2012, pp.9-30.

[*4]　フランスがポーランドと同盟しプロイセンに侵攻する計画の内容の書簡を
事前に解読し，フランスの計画を頓挫させた．なおフリードリヒ3世は，学芸
振興で有名で，のちにライプニッツを迎えている．

に導くことになる作品です．しかしその『無限算術』以上に彼は
『代数学史』に誇りを感じていたようです．今回はその作品につ
いて述べていきます．

　ウォリスについての古典的基本文献はスコットのもので，最
近の情報はフラッドとフォーヴェルのものを参照．ウォリスは
著作数が多く，著作目録はまだ作成されていません．また近年
全8巻の計画で書簡集が刊行中で，既刊の1~4巻に収録されて
いるのは60才頃の1675年までの書簡です*5.

- J.F. Scott, *The Mathematical Work of John Wallis, D.D., F.R.S., (1616-1703)*, London, 1938.*6
- R.Flood, J.Fauvel, "John Wallis", J.Fauvel *et al.* (eds.), *Oxford Figures*, Oxford, 2000, pp.97-115.
- Ch. J. Scriba *et al.* (eds.), *Correspondences of John Wallis* I-IV, Oxford, 2003-14.

17世紀イングランドの数学の状況

　17世紀イングランドは数学史における重要な時代にもかかわ
らず，実際の数学の状況は悲惨なものでした．ウォリスは中流
家庭に生まれ，グラマー・スクールに通いますが，そこで算数が
教えられることはありませんでした．入学したケンブリッジ大
学では神学と医学を学び，神学博士となります．数学を学び始
めるのはなんと31歳ころで，しかも当時の基本的初等テクスト
であるオートレッド『数学の鍵』（初版1631）を独習したにすぎ
ません．イングランドでは数学が教えられたとしても，その対
象は商人，船員，測量術士，建築家などへの実用のためのもの

---

*5　2016年はウォリス生誕400年記念であり，近年ウォリス関係の研究が続々
出版されている．

*6　D.D., F.R.S. はそれぞれ神学博士，王立協会フェローを意味する．

で，高等な数学研究は無きに等しい状況でした．

　ところでこのころイングランドでは清教徒革命（1642~52）が勃発し，国王派と議会派とが激しく衝突していました．議会派すなわち清教徒側の勝利の後，国王派の数学教授（サヴィル幾何学職）であったピーター・ターナー（1586~1652）がオックスフォード大学を解雇されます．そこで白羽の矢が立ったのが議会派に組みしていたウォリスです．彼は国王派の書簡の暗号を解読し議会派に貢献したことにより，驚くべきことに，1649 年にオックスフォード大学の数学教授に任命されたのです．当時彼はまだ 33 歳で，数学的知識はほとんどなく，また数学者としても無名で，しかもオックスフォード大学ではなくケンブリッジ大学卒業だったのにです．このポストは 1619 年にヘンリー・サヴィル卿（1549~1622）によって設立された，幾何学と天文学の 2 つのサヴィル教授職で，とても名誉あるポストです．ウォリスはそのポストに就くやいなや猛勉強を始め，著作執筆のみならず，古代ギリシャの作品の編集まで残しています．そして彼は亡くなるまでの 54 年という長期間このポストを占め，そのことによりオックスフォード大学は，ニュートンがケンブリッジ大学に登場するまでイングランドの数学の拠点となっていたのです．

初代　ヘンリー・ブリグズ　　（1619~31）
2 代　ピーター・ターナー　　（1631~48）
3 代　ジョン・ウォリス　　　（1649~1703）
4 代　エドモンド・ハリー　　（1703~42）
…

初期のサヴィル幾何学教授

　イングランドにおける数学そして諸学問の状況は，ウォリスによる大学での講義内容からも推しはかることができます．教

授としてウォリスは『原論』全13巻，アポロニオス『円錐曲線論』，アルキメデスの作品，そして実用・理論算術入門を公開で講義せねばならなかったようです*7．しかし実際の講義内容は初等的で，これは彼の作品『普遍数学』(1657) に見られます（後述）．

　イングランドはイタリアなどに比べるとまだ数学研究は広く行き渡っておらず，数学書のマーケットは狭く出版は困難な状況でした．ウォリスの場合，その『代数学史』原稿はすでに1670年代後半には完成していましたが，出版者（社）が見つからず，1683年になってようやく出版できたのです．実際ニュートンでもその『プリンキピア』(1684) 出版には様々な困難があったのです．ニュートンの場合ハリーが私費を投じて出版に漕ぎつけますが，ウォリスの場合はコリンズの献身的な努力によって初めて王立協会の資金が確保でき，オックスフォード大学のシェルドニアン・シアターで印刷されます．いずれにせよこのようなケースは幸運なほうで，当時のイングランドの状況では，原稿完成から出版まで20~30年もの月日がかかることもしばしばであったようです．したがって発見の優先権を論ずる場合は注意が必要です．

---

*7　"Wallis, John", *Dictionary of Scientific Biography*, vol.14, New York, 1976, pp.146-55.

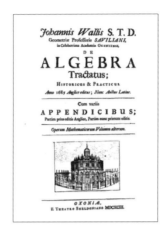

ウォリス『代数学史』（1693）表紙．中央の建物は印刷所でもあった
シェルドニアン・シアター．サヴィル天文学教授クリストファー・
レンが設計したが，丸天井はウォリスの発案．

　このような数学の状況ではありましたが，ウォリスの努力も
あり，イングランドはイタリアを追い越し，やがて数学研究の
中心地の一つとなっていくのです．1674 年頃王立協会の活動が
停滞したとき，ウォリスは公開実験デモンストレーションを進
め，協会活動の成果を社会に訴えかけ，また出版活動が活発に
なるように出版者（社）を探す努力もしています．彼の業績は数
学の研究だけではないのです．

ウォリスの数学

　ウォリスは数多くの作品を残し，出版点数の少なかった
ニュートンと対照をなします．教授になって最初の作品『無限
算術』から始まり，著作や論文や雑誌レヴューはもちろんのこ
と，ラテン語による著作集が 2 度も刊行されています．最初の
著作集は 1656~57 年で，ウォリスがまだ 40 歳のときの全 2 巻
です．30 歳を過ぎてから数学を勉強し始め，10 年で著作集を出
すまで多くの仕事をしているのです．次は晩年に近い 1693~99

年で，3000頁を超える浩瀚な3巻本です．この全3巻の収録内容からウォリスの仕事を見ておきましょう[*8].

I　就任演説，普遍数学あるいは算術作品，メイボム『2つの比』への反論，円錐曲線論，わかりやすい新方法，無限算術，1654年8月2日オックスフォードで起こった日食観測，サイクロイド論，ホイヘンス宛書簡，力学あるいは運動論の幾何学的論考.

II　歴史的実践的代数学，組合せと交替列と［数の］分解部分について[*9]，角の分割論，接触角・半円の角，同上の擁護，第5公準とエウクレイデス第6巻定義の幾何学的争点，円形楔つまり一部は円錐一部は円錐をなす物体の幾何学的考察，重力と重力性の幾何学的探究，潮汐論新仮設，若干の数学的問題についての書簡集，平面・球面三角法.

III　クラウディオス・プトレマイオス『ハルモニア論』3巻，ポルフェリオス『プトレマイオス和声学への註』，マニュエル・ブリエンニオス[*10]『ハルモニカ』.『ハルモニア論』，アルキメデス『砂粒を数える者と円の計測』，サモスのアリスタルコス『太陽と月の大きさと距離』，(従来熱望されてきた) アレクサンドリアのパッポス『数学集成第2巻断片』，幾何学的事柄を検討する若干の書簡集，若干の雑文.

　第3巻は，古代の著作の編集とそのラテン語訳，とりわけギ

[*8]　1656-57の2巻本は *Operum mathematicorum*，他方で1693-99の3巻本は *Opera mathematica* で名称が異なる.

[*9]　多項式における解と係数との関係，ヴォシウスやフェルマによる問題などを扱う.

[*10]　1300年頃のビザンツの学者で，音楽論『ハルモニカ』などを執筆した.

リシャ語のハルモニア論（音楽）が目立ちます．ウォリスは演奏こそしなかったものの音楽には大変関心があったようで，他にも音楽論を残しています．以上の著作集の収録論文はウォリスによる数学の業績のごく一部でしかありません．

　なおニュートン研究上この著作集は重要です．第 2 巻にはニュートンの流率法が初めて印刷され，そこにはニュートンのドット法[*11] が見えます．第 3 巻にはニュートン＝ライプニッツの微積分学優先権論争で貴重な資料とされる，いわゆるニュートンからライプニッツ宛の「前の手紙」「後の手紙」が初めて印刷されています．このように，論争をさらに煽る著作集でもありました．

　先に述べた初等的『普遍数学』では，算術について四則演算などが扱われ，とりわけ代数記号法について詳しく書かれています．次ページの右上の表には，左からラテン語での読み方，スティフェル，ヴィエト，オートレッド，ハリオット（はじめの 5 つのみ），デカルトの記号法，次数が見えます．欄外には「代数次数は幾何学的大きさによるよりも算術的次数で説明するのがよい」と注意書きされています．スティフェルのはコス式の r（res モノ），z（zensus 財），c（cubus 立方）による表記法，ヴィエトのは幾何学的な R（radix 根），Q（quadratum 正方形），C（cubus 立方体）による表記法で，今日と同じデカルトの a, a^2, a^3 のほうがわかりやすいのは明らかです．

[*11] 今日の力学で用いられる，微分の dx を $\dot{x}$ と表す方法．

Nomina.			Characteres.			Potestas seu gradus.
Radix	♃	R	A	a	a	1
Quadratum	♃	Q	Aq	aa	aᵃ	2
Cubus	℮	C	Ac	aaa	aᶜ	3
Quad. quadratum	♃♃	QQ	Aqq	aaaa	aᵈ	4
Surdesolidum	℔	S	Aqc	&c.	aˢ	5
Quad. Cubi.	♃℮	QC	Acc		aᵗ	6
1ᵐ Surdesolidum.	B℔	bS	Aqqc		aˣ	7
Quad. quad. quad.	♃♃♃	QQQ	Aqcc			8
Cubi cubus	℮℮	CC	Accc		aᵖ	9
Quad. Surdesol.	♃℔	QS	Aqqcc		aⁱᵒ	10
3ᵐ Surdesolidum	C℔	cS	Aqccc		a¹¹	11
Quad. quad. cubi	♃♃℮	QQC	Acccc		a¹²	12
4ᵐ Surdesolidum	D℔	dS	Aqqccc		a¹³	13
Quad. 2ⁱ Surdesol.	♃B℔	QbS	Aqcccc		a¹⁴	14
Cubus Surdesol.	℮℔	CS	Acccc		a¹⁵	15
Quad.quad.quad.quad.	♃♃♃♃	QQQQ	Aqqcccc		a¹⁶	16
&c.						

代数次数の比較（『普遍数学』, p.72）　*12

『普遍数学』には以上のような歴史的題材も扱われており，そ
れが詳細に主題的に論じられるのが『代数学史』です．

『代数学史』

　パチョーリやカルダーノも著作の冒頭で代数学の歴史に触れ
ていますが，それらは1頁にも満たない記述でしかありません．
本格的代数学史はウォリスによるものが最初といえます．ウォ
リス最後の大作である『代数学史』の正確なタイトルは，『歴史的
実践的双方の代数学論考．随時その起源，発展，進歩を示し，
いかなる足取りで現在の高みにたどり着いたかを示す』です．

　ウォリスの他の刊行書がそうであるように，最初はラテン語
で執筆されました．しかし当時は購読者を募って（サブスクリ
プションと言う）から出版するのが常で，ラテン語の出版ではイ
ングランドで購読者が集まらないと予測され，まずは英語での
出版となりました．この1685年の英語版は，その後大幅に増

---

*12　出典：Wallis, *Operum mathematicorum* I, Oxford, 1657, c.72.

訂され, 著作集第 2 巻 (1693) にラテン語に訳され収録されて
います.

　以下では 1685 年の英語版を見ていきます. 本文は 374 頁
100 章から成立していますが, 章といっても短いので節と考えれ
ばよいでしょう (1693 年のラテン語版は 112 章 484 頁). 内容
上以下の 9 部に分けられます.

　以上見てわかるように, 15 章以降はウォリスの生きた時代の
イングランドの数学者を扱っています. しかもその内容はとい
えば, 大半が彼らの業績を褒め称え, 大陸の数学者たちに対し
て優先権を主張するもので, 彼の主張は「数学的ナショナリズ
ム」と言えます. つまり数学的内容もさることながら, イング
ランドがいかに数学に貢献したかを示すため歴史資料を添えて
説明しようとしたものです. デカルトがその代数の知識をハリ
オットから得たと主張するのがその典型的言説です[13]. もちろん

[13] ただし 1657 年の『普遍数学』ではデカルトの記号法を評価しており, ウォ
リスの記述は時代とともによりナショナリズムの傾向が強くなっていく.

ウォリスの主張は一方的な解釈で，今日認められることはあり
ません．

　ウォリスはたいそう自信家であったようで，数論ではフェル
マ，サイクロイドではパスカル，弧長計測などではホイヘンス
と，他にも多くの論争相手を国内外に抱えていました．とりわ
け数学の先進国フランスへの偏見は甚だしかったようです．イ
ングランド国内でも，当時すでに高名な哲学者であったトーマ
ス・ホッブス（1588~1679）との熾烈で長期にわたる論争は，数
学のみならず信仰，政治，文法，そして数学観にも関わってく
る込み入った内容です．ことの発端はホッブスが円の方形化の
方法を発見したと述べたことによります．

　ここではウォリス『代数学史』の冒頭のアラビア数学の記述に
ついて述べておきます[14]．

ウォリスとアラビア代数学

　ウォリスはギリシャ語やヘブライ語はできましたが，アラビ
ア語やペルシャ語には馴染みがありませんでした．したがって
ウォリスのアラビア数学に関する知識は，友人であるアラビア
語学者エドワード・ポコック（1604~91）の翻訳に由来します．
またウォリスは記述にあたって，歴史学者コンラッド・ジョ

ン・ヴォシウス[15]（1577~1649）の『一般的四科，文献学，数
学的諸学問について，数学年表付3巻』（1650）も参考にしてい

[14] Stedall, Jacqueline A. "Of Our Own Nation: John Wallis's Account of
Mathematical Learning in Medieval England", *Historia Mathematica* 28 (2001),
pp.73-122; J.A., Stedall, *A Discourse Concerning Algebra: English Algebra to
1685*, Oxford, 2002.

[15] ヴォシウスは4年間ほどイングランドに滞在し，カンタベリーの聖職者で
もあった．その後アムステルダムに移り，そこで数学者ジョン・ペルと知り合う．
このペルを通じてウォリスはヴォシウスの作品を知った．

ます. 一般的四科とは文法, 体育, 音楽, 絵画です.

　ウォリスは,「数学的諸学問はすべてアラブ人のもとで開花し, 長期にわたってさらに高められ, 他方でヨーロッパにおいてはそれはたいそう軽視されてきた」と述べ, それに続いて, 次のアラブ人の名前に言及しています (p.5). カリフのマムーンから始まり, アルメオン [未詳], キンディー, アブー・マアシャル, ファルガーニー, ファーラービー, ジャービル・イブン・アフラフ, ムハンマド [未詳], バグダーディー, フワーリズミー, サービト・イブン・クッラ, アブル・ハサン, カビーシー, [イブヌル・] ハイサム, 続いてペルシャ人タタール人の, スーフィー, [ナシールッディーン・] トゥーシー, コルギウス王 [未詳], その天文表がまだ現存するウルグ・ベクです.

　代数学に関しては次のように重要な指摘をしています. ここではアラビア語ローマ字化は今日のものに変えておきます.

　　ディオファントス以降 (たとえそれ以前でなくても), この学問はアラブ人の著作家によって探求された (ただし長い間ヨーロッパではほとんど知られていなかったのではあるが). それは彼らにより algebra という名前となったのであるが, その最初の発明者であるとヨーロッパで推測されてきたのは (それが信用できる根拠のないことは私が知っている) Geber ではなく, (前から言われているように) al-jabr w'al-muqābala というアラビア語からなのである (p.5).

　従来 algebra の語源は, 西洋では 12 世紀のイベリア半島の天文学者ジャービル・イブン・アフラフ (ジャービルのラテン語名はゲーベル) とされてきましたが, ウォリスはそれがアル＝ジャブルというフワーリズミーの著作名に由来することをきちんと認識していたのです. しかも同じことですが,「アル＝ジャブルとアル＝ムカーバラ」について次のように述べています.

アラビア語でそれは al-jabr w'al-muqābala と呼ばれる．その単語の前者から我々はそれを algebra と呼ぶのである．アラビア語動詞 jabara（名詞 al-jabr はこれに由来する）は英語ではジャバラと発音するが，それは「回復すること」，そして（さらにとくに）「折れた骨を元に戻すこと，あるいは接合すること」を意味する．そしてこれは「強くあること」を意味するヘブライ語 Gabar と関係する．アラビア語 qabala（ここから名詞 al-muqābala が由来する）は，「向かい合わせる，対照する，対置すること」を意味する．こうして al-jabr w'al-muqābala は「回復と対照の術」，すなわち「解法と方程式の術」を意味するであろう．（私が知りうる最も古いヨーロッパの代数学者である）ルカス・デ・ブルゴ［＝パチョーリ］は「回復と対置の法則」と説明している（p. 2）．

　以上のウォリスの解釈は今日とほぼ同じです．回復（restitution）とは負項を移項し正項に回復することで，対照（comparing）とは同類項を比較し簡約するすることだからです．
　アラビア数字に関しては，当時ギリシャ起源という説も根強くありましたが，ウォリスは今日と同じようにその起源を正しく認識しています．またアラビア数字を「ベルベル人の数字」や「サラセン人の数字」と呼び，次のように述べています．

　　アラブ人たちはその最初の発見者ではなく，彼らはそれらをインド人たちのものとし，そこから彼らは借りたのだ．そのことについて私は，トゥグラーイーの詩への註釈でのサファディーのすばらしい証言を引用した．そこではサファディーはインド人たちのものとした．インド人たちは［次の］3点について自分たちがその発明者として自慢してい

る．『カリーラとディムナ』の書 *16，チェスゲーム，そして
数字．

　次に数字の形の比較をしています．下の表では，上からアラ
ビア数字，ビザンツの学者マクシモス・プラヌデス（1255 頃
~1310）の用いた数字，ウォリス当時西洋で用いられた数字，
西洋の数学者サクロボスコ（13 世紀前半）の写本に描かれた数
字です．ここで描かれている一番上のアラビア数字は，今日ア
ラビア世界で用いられている数字の形をしており，いわゆる東
アラビア数字です．

数字の比較．ウォリス『代数学史』（p. 8）．

　サファディー（1297 頃 ~1363）がトゥグラーイー（1061~1121
頃）による詩『非アラブ人のラームの押韻詩』へ付けた註釈につ
いては，すでにウォリスは『普遍数学』で，長いアラビア語原文
とポコックによるそのラテン語訳とを引用しています．そこで
は，チェスを発明したインドの賢者が，王に褒美としてチェス
盤のコマに 2 粒，4 粒と倍々に置いた穀物を要求し，最終的に
王はその要求に応えたという，よく知られた話が含まれていま
す．

___

*16　おとぎ話や寓話で，次の翻訳がある．イブヌ・ル・ムカッファイ『カ
リーラとディムナ　アラビアの寓話』（菊池淑子訳），平凡社東洋文庫（331），
1978．

　また平行線公準と合成比[*17] を論じた『第 5 公準とエウクレイデス「原論」第 6 巻定義 5 ：幾何学的論議』（1663 年に刊行し，著作集第 2 巻にも所収）では，偽トゥーシー版エウクレイデス『原論』（1594 年ローマで刊行）の第 5 公準にみえるアラビア語解説からポコックがラテン語に訳したものが利用されています．

ウォリスの評価

　『代数学史』には「歴史的実践的」という言葉がついています．歴史的というのは，かなり偏りがあるとはいえ，多くの原典を参照し論じていることを示します．他方実践的とは，本書で多くのイングランドの数学者たちの数学内容を具体的に示していることにほかなりません．

　ところで，デカルト『幾何学』は難解で，スホーテンが解説を付けてラテン語で出版しています．その第 2 版にはデカルト式の解析幾何学の最初の解説ヨハン・デ・ウィット『曲線原論』2 巻が含まれています[*18]．この論考は解説とは言うものの，円錐曲線に限定して論じており，内容は高度です．それに対してウォリスは『代数学史』の中で，わかりやすくデカルトの方式の実例をあげ，ハリオットの名を借りて説明しています[*19]．デカルトの書物が出版されてから 50 年も経って，ようやくデカルトが理解できる準備が整ったとは言いすぎでしょうか．実際，デカルトのスホーテンによるラテン語訳は，半世紀近く過ぎた 1683 年になっても再版されていますし，クロード・ラビュエル（1669～1729）によるデカルト『幾何学』の 600 ページ弱の解説書決定版が出たのは約 100 年後の 1730 年なのです．

[*17] 比の合成を複数の比をかけ合わせたものとする定義で，エウクレイデス真作ではないと考えられる．

[*18] 本書第 15 章参照．

[*19] ウォリスには『円錐曲線論』（1655）もある．

　『代数学史』はその正式名称『歴史的実践的双方の代数学論考…』にふさわしく，まさに歴史的実践的であったのです．そこにはウォリスの数学観の良い点悪い点が明確に見えてきます．ではなぜウォリスには詳細な代数学史記述が可能であったのでしょうか．それは彼がサヴィル教授職に就いていたからです．その職名由来のサヴィル卿は数学書や数学手稿を数多く所有し，それをオックスフォード大学に寄付しました（後に今日のボードリアン図書館に収集）．ウォリスは，それらを自由に利用することができたので，ウォリスならではの仕事であったといえます．

　ウォリスはオックスフォード大学文書管理室長に 1657 年に就任し，また王政復古後も晩年まで暗号分析係として取り立てられていました．またオックスフォード大学の運営にも貢献し，王立協会の初期の活動的メンバーとして活躍しました．そしてなによりもオックスフォード大学を当時イングランドにおける数学のメッカにした一人です．しかし彼の数学はカヴァリエリとニュートンを繋ぐ途中経過と見なされ，その後彼の数学が顧みられることはなくなりました．またその代数学史記述はナショナリズム的ゆえにイングランド国内でしか評価されず，しかも偏見に満ちていたがゆえに「数学史記述の歴史」の中でしか顧みられることはありませんでした．しかしながら，その詳細な記述には当時の数学界の生き生きとした様子が見え，今日においても高い価値のある書物と言えます．

第 18 章

数学史研究の諸問題を巡って

今までの章では数学史に関する幾つかの事例を見てきましたが，ここでは数学史研究に関連する諸問題を大局的に考えてみましょう．数学史研究といってもその対象は時代，地域，領域など様々です．それらには歴史記述に関して個別の問題点があります．それらを含め数学史研究は何を目的とし，どのような研究法があり，記述法にはどのような問題があるのでしょうか．

古代数学と非西欧数学

古代数学史研究で一番問題になるのはテクストの解釈です．テクストが編纂されていない場合，その解読は言語的に大変な作業となります．字の薄れた古いテクストの判読困難な箇所を参照せねばならず，言語と内容からの推測で判断していくことになり，多くの時間と労力が必要です．また近代編集版（テクスト間の相違を調査し，本来のテクストを再構成し，活字にしたもの）が出版されている場合でも，元テクストの読み違いを見いだすことはよくあります．通常異なる読みは編集版の欄外で指摘され，そのうちのどれを採用するかは編集者の判断に委ね

られています．いずれにせよ古代数学史では文献学的研究が基本となります．

　たとえ読み込めたとしても，現代数学的に解釈してしまう危険がしばしば起こります．古代エジプト数学の単位分数分解，バビロニア数学の代数的解釈などにそれが顕著で，今日でもしばしば「数学的再構成」が次々と提案されています．しかしそのことを考える以前に，数学とは何かという問題があります．古代バビロニア数学，エジプト数学，マヤ数学などには「数学」に相当する単語は存在せず，そこで行われているのは計算術でしかありません．したがってそれらを「数学」と呼べるかという問題があります．そこに存在するのは数を用いた計算で，たとえ図形が登場するとしても，図形そのものの研究というのは少なく，面積や長さの具体的数値を求めるもので，あくまで計算が主体となります．ここで計算術を数学に含めないとしたら，古代においては証明を備えたギリシャ数学しか厳密には数学ではないことになります．そのあたりをどのように考えていくのか，そういった問題です．ここで数学を意味する単語を例示すると次にようになります．

ギリシャ	$\mu\alpha\theta\eta\mu\alpha\tau\iota\kappa\acute{\alpha}$ (mathēmatiká)	「学ぶべきこと」
アラビア	رياضيات （riyāḍīyāt）	「訓育」
中　国	篹	「竹を弄ぶ（算木で計算）」
インド	गणित （gaṇita）	「計算」

古代各文化圏における数学を意味する単語

　古代エジプトでは数学という単語は存在しませんが，あえて探すなら，『リンド・パピルス』冒頭に見られる，「物の中に存在するすべての謎と秘密を知るための正確な計算法」という箇所の「計算法」（ヘセブゥ）が相当するでしょう．ここでは「正確な（最高の）」（テプ）があえて付けられていますので，単に計算の

みならず，少し学的なものもそこに見えてきます．またそこに
はギリシャ的な図形を用いた証明はないとしても，具体的計算
問題では合計（デメジュ）を出したあと，ほとんどの場合には検
算（シティ）を行っています．すると古代エジプト数学は計算術
ですから，このシティが証明に相当すると考えることも出来ま
す．そのように考えると，古代エジプトには古代ギリシャとは
異なる形態の「数学」が存在したと言えるでしょう．

　古代エジプトやバビロニアでは計算は特権的書記階級が行って
いたとされ，その養成教育のため「書記学校」が存在していまし
た．そこでは計算術が教えられたようなので，そこに数に関する何
らかの原初的体系が存在したとも考えられます．その意味で古代
エジプトやバビロニアでは「数学」が存在したと言えるでしょう．

古代ギリシャ数学

　古代オリエント数学はそれでもパピルスや粘土板など現物が
僅かながらですが現存し，それをもとに数学の解釈が試みられ
ます．しかし古代ギリシャの場合はそういうわけにはいきませ
ん．資料は圧倒的に多いのですが，大半が長期保存には適して
いないパピルスに書かれていたため，現存するのはずっと後代
に羊皮紙に書き写されたものしかありません．したがって時代
が経過したということで信憑性の問題が出てきます．実際古代
ギリシャの数学者自身が書いたものは現存しません．アルキメ
デスの自筆原稿は現存しませんし，アポロニオスの作品の大半
はもはや失われています．エウクレイデス『原論』の場合，知ら
れている現存最古の完全な写本は 888 年のものですから[1]，書か
れてから 1000 年以上も後に筆写されたものです．それは日本

---

[1] 　オックスフォード大学ボードリアン図書館蔵の写本 MS D'Orville 301. 次
のサイトで見ることができる．http://www.claymath.org/euclid/index.

で言えば平安時代の話となり，最古の写本にもかかわらず本来
のテクスト内容を伝えているという保証はまったくありません．
『原論』の場合，途中で数学者アレクサンドリアのテオンが少
し手を加えたことが知られ（それをテオン版と呼ぶ），それ以前
の本来の姿に近いと考えられる 888 年の写本が確認されたのは
ようやく 19 世紀初頭の 1808 年なのです（その本来の姿に近い
『原論』は発見者の名前をとってペイラール版と呼ばれる）．ま
たパッポス，ヘロン，ディオファントスなどギリシャ数学の大
物に関しては，その活躍した時代はもとより，彼らのテクスト
の伝承状況も不明なことが多々あります．

　古代ギリシャ数学の場合，その多くは 19 世紀後半西洋古典
学の進展とともにテクストが編集刊行されました．少なからずは
デンマークの古典学者ヨハン・ルズヴィ・ハイベア（1854~1928）
に負うところ大で，彼はエウクレイデス，アルキメデス，アポ
ロニオスなどのギリシャ語テクストを刊行し，それらが今日でも
基本テクストとして利用されています．それらのテクストを研究
の起点として，そこから著者間の影響関係はどうであったのか，
元テクストはどのようなものであったのか，それらを文体，用語
法，さらに定理などの諸関係という内容分析を通じて検討して
いくのがさしあたりのギリシャ数学史研究です．

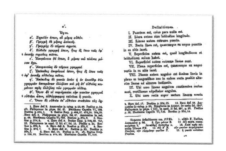

ハイベア版エウクレイデス『原論』（1883）：第 1 巻定義の箇所
で，ギリシャ語テクスト（左）にハイベアによる現代ラテン語
訳（右）が付けられている．

　その方法は文献学に近いものになります．この作業が基礎に
あって初めて古代ギリシャ数学の姿が明らかになるのはもちろ
んです．古代のテクストは何度も写され，その途中で誤写はも
ちろん意図的書き換えも多々あった可能性があります．元のテ
クストは失われ，本来の姿はもはや推定していくしか再構成は
できません．少し前まで数学的な再構成もさかんでした．数学
は普遍的であり，資料が欠けていても論理的数学的に今日の
我々も跡づけることが可能だという信念からでしょう．しかし
こういった「数学的再構成」はいわゆるクーン以降の 1970 年代
ころからは歴史記述としては避けられるようになりました．ギ
リシャ数学では，とりわけギリシャ数学史家ウィルバー・ノー
ル（1945~91）が「テクスト研究」を強調し，その後協働する研
究者が続いています [*2].

　現存テクストは，書き写され，また変更を加えられた可能性
があるものですが，だからといってそれらが単にオリジナルのテ
クストを推定するだけの材料にすぎないというわけではありませ
ん．それらは書き写された時代にテクストがどのように読まれ
たかを明確に物語るので，ギリシャ数学がビザンチン，アラビ
ア，中世西洋でどのように解釈されたか，場合によって誤解さ
れたか，新たにどのような問題提起をしたかを教えてくれます．
ギリシャ数学を通じてその時代の数学を研究できるのです．た
とえばアラビアや西洋中世における『原論』の受容や註釈の伝統
にそれを見ることが出来ます．その研究は文献学というよりか
はむしろ歴史研究に近いものとなるでしょう．

[*2]　W. R. Knorr, *Textual Studies in Ancient and Medieval Geometry*, Boston, 1989.

西洋近代数学

　印刷術の出現は学的世界に革命をもたらしました．15世紀後半以降17世紀頃までの数学史研究は，まずはその時代に印刷公刊されたテクストを研究対象とすることになります．内容解釈はもとより誰がどのように読んだか，どのように展開していったかなどという問題設定がなされます．ここでは研究は文献学というよりもより内容に踏み込み，また読み手の人物像にも触れた歴史が中心となります．しかし印刷されたテクストだけに頼るのは不十分なこともあります．原稿（現存すればの話ですが）と刊本との相違，増補版による変更なども興味ある研究テーマです．増補を通じて作者はどのように理論を発展させていったのか，どのような影響を受けたのか，そういった問題です．

　まだ印刷出版が容易ではない時代にあっては[*3]，その時代に取り交わされた書簡はテクスト理解のきわめて重要な情報源となります．書簡を通じての情報交換によって刺激を受け研究が進められたこともあり，場合によってはむしろ書簡自体のほうが研究対象となりうると言ってもよいくらいです．かつては1606-1741年の英国科学者の書簡を中心としたスティーブン・ジョーダン・リゴー『17世紀科学者書簡集』全2巻（1841）[*4]などしかなかったのですが，今日ではニュートン，ホイヘンス，ライプニッツ，ガリレイ，フェルマ，ウォリス，ペル，メンゴリなどの書簡集が編纂出版され，彼らの仕事のみならず17世紀数学を

[*3] 出版には，費用を負担せねばならずパトロンが必要であったし，図版を本文中，欄外，巻末のどこに挿入するかという問題もあった．

[*4] S.J.Rigaud, *Correspondence of Scientific Men of the Seventeenth Century*, Oxford,1841 ; rep.Hildesheim, 1965. タイトルが示すように，ここではscientistsではなくscientific menが「科学者」を意味する単語として用いられていることに1841年という時代性を感じる．

研究する際には当然参照せねばなりません．さらに当時学者間の書簡を仲介した役を果たしたフランスのメルセンヌ，イングランドのオルデンバークなどの書簡集は情報満載の資料です．書簡の多くには日付が記載されていることも重要な点です．今日ようやくデカルトの書簡の邦訳が完結し，17世紀数学・科学史研究も一歩も二歩も前進できるようになりました（『デカルト全書簡集』全8巻，知泉書房，2008~16）．デカルトといえばその『幾何学』が有名ですが，それにまつわる様々な議論など，刊本には見えない多様な情報が書簡には含まれています．また『ニュートン書簡集』には英訳と詳細な解説も付けられ，ニュートンのみならずライプニッツなど同時代の数学の研究にも有効です[*5].

　ところで17世紀までの数学は，微積分学誕生間際で，無限処理や微分計算法など今日の数学とは異なり，それだからこそそれらはむしろ客観的に探求することが出来ます．

　しかし18世紀以降の数学となりますと現代数学に近くなり，ともすると今日的視点で無理なく解釈できてしまい，歴史研究という考えからは逸れてしまう危険があります．たとえばオイラーやガウスなどの数学の大半は現代数学の直接の起源であり，それらを対象にする場合，歴史研究というよりは古典数学研究となってしまうことがあります．古い時代の数学の研究ということではたしかに数学史研究かもしれませんが，むしろ数学「史」というよりも数学そのものの研究と述べたほうが適切な場合もしばしばです．それを避けるには，数学内容もさることながら，背景つまり他の科学との関係，社会文化的状況などをも視野に置く必要があります．

[*5]　数学者の書簡集編集に関する諸問題については近年次のモノグラフが刊行された．Maria Teresa Borgato, Erwin Neuenschwander, Irène Passeron, *Mathematical Correspondances and Critical Editions*, Cham, 2018.

和算

　和算は日本文化が誇る貴重な成果であり，近年多くの専門書，一般向けの書物が刊行されるようになりました．日本数学史学会は，その前身「算友会」を引き継ぎ，1962年に設立され今日に至っていますが，年4回途切れることなく『数学史研究』を出版し，和算を中心にした研究成果を世に出しています．

『数学史研究』207号表紙.
毎号40頁ほどの学会誌であるが，2022年の時点ですでに224号を超える.

　日本各地には和算研究会が存在し，地元の埋もれた和算家の作品を発掘し研究対象としています*6．近年は和算と朱子学や兵学との関係，蘭数（オランダ数学）との関係など，興味深い事実も明らかにされつつあります．和算とは何か，どのように定義するかに関しては様々な議論があるでしょうが，藁を用いて

---

*6　群馬県和算研究会発行『和算ジャーナル』などにそれが見える．このような地方における数学史研究の雑誌は海外ではほとんど見うけられない．和算が地元社会に根ざした歴史文化であったことが分かる.

数を記録した藁算などの琉球数学がその視野に置かれることが
ほとんどないのは残念なことです．藁算は結縄数学（縄などの
結び目を用いて数表記する数学）に属し，その伝統は中国やイ
ンカなどにも見ることができます．内容は初等計算や数表記に
関するもので，また資料の点で文化人類学や民俗学の領域から
の検討も必要です．そしてそれらは「数学文化」という研究領域
の対象となるでしょう *7.

　17 世紀以前の和算は，書誌的研究が未だ不十分なので，そ
れらに関する研究が今後印刷出版史研究とも連動して進められ
ることを期待したいところです．幕末以降の和算家のなかには
砲術家として活躍した者も出てきます．砲術や造船術など洋算
（西洋数学）をも研究対象とした和算については，西洋近代科学
受容という大きな枠組みのもとで研究に取り組むことが必要で
しょう．

　18 世紀以降，とりわけ幕末から明治初期になりますと，数学
内容自体がきわめて高度になり，内容理解に相当の時間が取ら
れてしまいます．高度な和算を西洋数学に置き換え，代数的に
紹介する加藤平左エ門（1891~1976）の研究などは，数学内容
を理解する上で貴重な研究です *8. しかしながら，果たしてそう
いった西洋数学に置き換えるという方法以外に記述法がないか
どうかという問題があります．和算には傍書法など西洋近代の
代数的記述法に相当する方法が存在し，したがってそのまま機

---

*7　藁算に関しては，田代安定の多くの研究，なかでも田代安定『沖縄結縄考』
（長谷部言人校訂），養徳社，1945（復刻；至言社，1977）が基本で，数学史上の
研究では，須藤利一『沖縄の数学』，富士短期大学出版部，1972 を参照．また次
の拙文も参照．「沖縄数学史研究のススメ」，『現代数学』51 (10)，2018，64 - 9 頁．

*8　加藤平左エ門『偉大なる和算家久留島義太の業績：解説』槙書店，1973；『安
島直円の業績：和算中興の祖』名城大学理工学部数学教室，1971；『和算ノ研究』
日本学術振興会，1954 - 1969 など多数．最近次が復刻された．加藤平左エ門『和
算ノ研究方程式論』，海鳴社，2011.

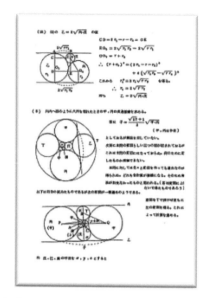

加藤平左エ門『和算の研究　補遺 II』より，
「©名城大学理工学部数学教室」，昭和 44 年，109 頁.

械的に縦のものを横にして現代数学に置き換えることは可能で
しょう．しかしそうしてしまうと，西洋数学とは異質な和算の
本来の特徴が見えてこなくなるのではないかという危惧もあり
ます．このことは和算と同様に特異な形態をもっていたインド
数学（インド亜大陸の伝統的数学で，表現は主に韻文形式によ
る）にもあてはまります．数学は本質的に一つというのではな
く，歴史的に多様であったし，また現在も一部そうであるとい
う視点を失ってはならないと考えています．

　かつて「幾何学的代数」という議論が数学史研究の現場であ
りました．たとえば『原論』第 2 巻はそれ以前の代数的バビロ
ニア数学を幾何学的に書き直したものである，という主張です．
実際『原論』第 2 巻は数学的にはそのように解釈することは可能
です．しかし今日では歴史研究としては『原論』はギリシャ数学

の文脈の中だけで解釈するのがふさわしいとされています．和算も和算の枠組みで解釈する方法が必要ではないでしょうか．和算の高度な計算も，それとは独自に発達した西洋式に書き換えるのではなく，和算式のまま記述できないのでしょうか．あるいは西洋数学を一度離れた形で解釈できないのでしょうか．近代西洋数学に慣れてしまった今日の我々は，幸か不幸か西洋の視点でしか和算を見ることが出来なくなっています．その視点を廃したところにこそ本来の和算の姿が見えてくるのではないでしょうか．このことは古代ギリシャ数学にも非西洋数学にも言えることです．現代数学，とくにデカルトに始まる代数的思考法を一度脇に追いやり，その時代の中で数学を見ていくというものです．

数学は特別か

西洋数学は 17 世紀に大きな変革を生みました．デカルトなどの代数的思考法の成立とニュートン・ライプニッツなどの微積分学の形成です．そしてこの「科学革命」の時代に，それら新しく生まれた数学が自然理解に適用され，ここで初めて「自然の数学化」が誕生したとされます[*9]．実際ガリレイは『偽金鑑識官』（1623）で「自然は数学の言葉で書かれており，その文字は三角形，円その他の幾何学図形である」というようなこと述べ，自然研究における数学の重要性を指摘し，ニュートンは『自然哲学の数学的諸原理』[*10] という，数学と自然研究との密接な関係を示すタイトルの書物を世に問い，数学が自然理解に必須な道

[*9]　図式的に述べると，それ以前の多くの文明圏では数学と「自然科学」とは無縁だった．ただし西洋中世後期では数学が自然研究に特殊な形態ではあるが適用されることがあった．

[*10]　本書は『プリンキピア』（諸原理）という名前でよく知られている．ここで言う自然哲学とは自然科学の前段階．

具となったことを謳っています．しかし数学が当時社会におい
てそれほど重要であったかというと話は少し異なってきます．

　自然研究のために数学を極めるということであれば，数学者
となるのが一番の道です．ここで数学者とは何かという定義は
留保することにしても，大学の数学教授がそれに含まれること
は間違いないでしょう．しかし大学を出て数学教授になるとい
うキャリアは，近代においてさえも必ずしも確立されたもので
はなかったようです．ヴィエト，デカルトはポアチエ大学法学
部を出て，またフェルマは当初オルレアン大学で市民法を学び
ましたが，彼らはその後「数学者」になることはなく，本職は
他のところにあったことはよく知られています．他方，ガリレ
イはピサ大学，そしてパドヴァ大学の数学教授でしたが，教授
職を捨て最終的にトスカナ大公付数学者の地位を得ていますし，
ニュートンもケンブリッジ大学数学教授職を離れ，造幣局長官
に就任したりします．実際17世紀には彼らにとって数学教授職
というものは今日我々が考えるほどのものではなく，キャリア
上の過渡的踏み台にしか過ぎなかったのではないでしょうか．

　当時の大学では数学は一般的には学芸学部で教授され，そ
の内容は今日とは異なります．ガリレイは占星術の計算など
を講義に取り入れていました．ニュートンはケンブリッジ大学
の講義録の一部と考えられる『普遍算術』（1707）から推定する
と，初等算術も教えていたようであり，ライデン大学数学教授
スホーテンも大学では当時最高の数学であるデカルトの代数幾
何学を教えたのではありませんし，その必要はなかったのです．
数学が大学でそれなりの位置を占めるようになったのは自然科
学におけるその有効性が確立するようになった18世紀後半頃か
らなのです．

　学芸学部での初等数学に対して，より高度な数学はむしろ上
級学部の医学部で教えられていたとも考えられます．医学生に
も数学への道が開かれていました．ガリレイはピサ大学医学部

に入学しましたし，それよりも前ですが，3次方程式の代数的解
法で有名な『アルス・マグナ』を著したカルダーノ（1501〜76）
もパヴィア大学で医学を学び，本職は医者です．当時は数学よ
り医学のほうが遥かに社会的地位が高かったのです．このこと
は天文学にも言え，それは付加的で，たとえば，梅毒研究で有
名なパドヴァ大学教授フラカストロ（1478〜1553）はまた天文学
研究でも重要ですし，コペルニクスも同じパドヴァ大学で当初
は医学を学んだことに注意すべきです（本書第9章参照）．

　ところでこの「科学革命」の時代，数学領域では革命的変革
が生じ，その後大きな展開を見せます．しかし医学では必ずし
もそうではありません．確かに解剖学図版上で後世に多大な影
響を与えたヴェサリウス『人体構造論』（1543）が出版され，ま
たウィリアム・ハーヴィ（1578〜1657）により血液循環説が提唱
されましたが，それらは当時実際には治療上では有益で革命的
というほどのものではなく，革命的と言えるのは今日からの判
断からに過ぎません．それなのに当時は伝統的に医学が上位を
占めたのは，大学に医学部はあったが理学部はなかったことか
らも明らかです．中世以来西洋の大学の学部構造は，上位3学
部とその下に位置する学芸学部との2重になっていました．

神学部	法学部	医学部
学芸学部		

中世西洋の大学の学部構造

　17世紀において今日的意味での「数学者」と言える一人にロ
ベルヴァル（1602〜75）がいます．フランスのコレージュ・ロワ
イヤル（様々な名称変更の後1870年にコレージュ・ド・フラン
スとなる）の数学教授でした．その後そのポストを巡ってはライ
プニッツなど多くの数学者たちが競いあったことはよく知られて
います．ところでロベルヴァルは剽窃を恐れてか研究成果を出
版することは極力控えたようで，その研究成果は門外に対して

は書簡などで断片的にしか知られなかったようです*11．その意味でも，時代の最高の数学であっても社会に役立てられることはなかったといえるのです．というよりも，社会に役立つ高等数学は当時まだ存在しなかったと言えるでしょう．

　以上の意味で，数学は17世紀「科学革命」の時期にあってしても，社会的には今日考えるほどには重要であったという認識はされていなかったのです．今日数学は科学研究に基本で必須であることを疑う人いませんから，その判断基準を17世紀に当てはめてしまいがちです．このことは和算研究にも当てはまります．江戸時代には多くの和算書が刊行され，また主として本州で広範囲に普及し，各地に和算塾が作られましたが，公的な学校では和算はほとんど教えられることはなく，僅かに大学寮（算博士），幕府天文方など限られた機関や，いくつかの藩校などで扱われていたにすぎないようです．すなわち和算は決して公的社会的には広く認定されたものというわけではなかったのです．

　数学者や数学史家はともすると数学こそ古くから最高の学問のように考えてしまうものです．理念上はそうであっても，以上の歴史的視点で数学を見ていくと，学的世界における数学至上主義は留保すべきで，そのためにも本来の姿を知るには広く数学を社会的文化的文脈で捉えていく必要があるでしょう．

---

*11　ロベルヴァルの公刊書は少なく，今だに大半が手稿のまま図書館に眠っている．

あとがき

　従来の数学史書の多くは，その行き着く先を現代数学に定め，その形成に寄与した数学者たちや数学を中心におく記述が多かった．定義や命題などに基づく論証法のエウクレイデス，積分学の基礎になったアルキメデス，指数対数法のネイピア，幾何学に代数を用いたデカルト，微積分学基礎のライプニッツやニュートン，そしてオイラーやガウス等々は数学史記述の定番である．本書執筆の動機は，以上のような数学史における主流の題材と数学者ばかりではなく，現代数学に繋がるという視点をいったん脇に追いやり，その時代の数学とみなされるものとその背景を見ていこうと考えた．したがって今日ではあまり馴染みのない数学的題材や数学者たちも登場し，ときに脇道に逸れることもある．それらを通じて，近代数学がどのように創造され展開していったのか——それは現代に繋がる必然性はないのだが——，どこを向きつつあったのかを思い描きながら，徐々に発酵していく数学，そして消えていく数学を眺めてみようと目論んだ．そうすることで数学に対する既存の見方が覆され，新しい視界が広がるのではないか，そういった思いがある．

　本書で心に留めたことを5点述べておこう．第一に，図版を多く取り入れたことである．数学書の表紙や口絵には一見不釣り合いな図版が採用されることがある．それら図版がなぜ採用されたのか．そこにはときに深い意味があると思われるが，数学史記述では通常は無視されてきた．その図版を読み解けば，表には出ない数学者たちの心のうちも見えてくるのではないか．こういった作業はまた数学史研究を通じて得られる楽しみの一つでも

ある．第二に，記号法の展開を常に意識したことである．西洋近代数学がその新しい道を歩み始めるのは記号法が登場してからのことである．それ以前の西洋数学はアラビア数学や中国数学と同列に論じることもできよう．しかし記号法の誕生により，無限操作が容易になり，新しい創造へと結びついていく．では現代式記号法誕生以前はどのように数学研究を進めることができたのか．そのことは彼らが用いた初期の記号の図版を見ればよく分かる．その中には今日に継承されるものもあれば，消えていった記号もある（これに関しては，本書に続く拙著でさらに詳しく触れる）．第三に，アラビア数学にこだわったことである．西洋は 12 世紀にアラビア数学を移入して以来数学を独自に展開し，本質的にアラビア数学の手法を受け継いでいる算法学派を除くと，アラビア数学とはもはやあまり関係がないと思われがちである．ではその後の西洋において数学者たちは実際アラビア数学をどのように理解したのであろうか．それはまたアラビア数学とは別のギリシャ数学をどのように捉えたのかとも微妙に関わり，西洋近代の成立において重要な問題でもある．代数学は中世アラビア起源であるが，その後の西洋ルネサンス期には代数学をアラビアではなくギリシャのディオファントス起源とみなす数学者も多く出てきた．このアラビアを排除し西洋を中心に据える考え方は，19 世紀ギリシャ独立運動のころ西洋でギリシャ・ブームが起こり，またインド＝アラビア数字の起源をインドではなくギリシャとみなす考え方にも繋がってくる．19 世紀の詩人シェリーの言うように，「われわれはすべてギリシャ人である」のか．アラビア数学の捉え方を通じて西洋数学，さらに西洋文化を見て行くこともできるのではないかと考える．連載時の表題を「歴史から見る数学，数学史から見る歴史」としたのも

こういった事情が背景にある．第四に，数学の展開の背景に都市という視点を据えたことである．数学者の多くは都市部に住み，他の多くの数学者たちやパトロンと微妙な関わりをもちながら活動したことから，その個々の都市とそれを取り巻く社会的環境が数学の展開にどのような役割を果たしたのか．本書ではまだ十分に論じきれてはいないが，この数学展開における都市の役割と地域性は新しい作業仮説となるもので，今後さらに発展させていきたい．最後に，わずかではあるが，和算つまり日本の数学にも言及しておいたことである．同じ数学的題材が洋の東西でどのように捉え方が異なるのか，相互に伝承が存在したのか，興味深い一例に触れておいた．

　本書は雑誌連載記事を集めたものであり，全体の目標を定めてそれぞれ系統だてて記述してきたわけではない．年代順に並べてはあるが，興味深い箇所から読むことも可能である．また掲載雑誌『現代数学』の性格上，数学に関心をもつ読者を想定してはいるが，数学内容よりはむしろ数学者がどのような関心をもって研究を続けていたのか，どのような背景の中で数学活動をしたのかを中心に記述しているので，数学史に馴染みのない方にも興味をもってもらえることと思う．最後まで悩み続けたのは人名・地名表記に関することである．人名には原綴を入れたほうがよいであろうが，煩瑣となるので省くことにした．できるだけ本来の発音を重視はしたが，これはきわめて難しい問題であり，統一的に記述することはできなかった．ライブニッツをライプニッツ，ズーリをチューリヒにするなど，慣用に従ったところも多々ある．

2022 年 12 月

三浦伸夫

索 引

289

■■■■■■ **事項・書名** ■■■■■■

■数字

■アルファベット

著者紹介：

三浦 伸夫 (みうら・のぶお)

1950年生まれ．名古屋大学理学部数学科卒業，東京大学大学院理学研究科科学史科学基礎論専攻博士課程単位取得退学，神戸大学国際文化学研究科教授の後，2016年4月より神戸大学名誉教授．専門は比較科学史，数学史．

著　　　書：『数学者たちのこころの中』『古代エジプトの数学問題集を解いてみる』NHK出版，『数学の歴史』放送大学教育振興会，『フィボナッチ　アラビア数学から西洋中世数学へ』『文明のなかの数学　数学史記述法・古代・アラビア』現代数学社．

訳　　　書：ギンディキン『ガリレイの17世紀』シュプリンガー・フェアラーク東京，スティドール『数学の歴史』丸善など．

共 訳 書：『ライプニッツ著作集』工作舎，『デカルト書簡集』法政大学出版会，『中世思想原典集成』平凡社，『Oxford数学史』共立出版など．

論　　　文：「ヒンドゥー教徒の数学者ラマヌジャンの生涯」，「数学史におけるデューラー」など．

近代数学の創造と発酵　——中世・ルネサンス・17世紀——

2023年3月21日　　初版第1刷発行

著　者　　三浦 伸夫
発行者　　富田 淳
発行所　　株式会社　現代数学社
　　　　　〒606-8425 京都市左京区鹿ヶ谷西寺ノ前町1
　　　　　TEL 075 (751) 0727　FAX 075 (744) 0906
　　　　　https://www.gensu.co.jp/
装　幀　　中西真一（株式会社 CANVAS）

印刷・製本　　亜細亜印刷株式会社

ISBN978-4-7687-0602-2
2023 Printed in Japan